わたしと日産

巨大自動車産業の光と影

Hiroto Saikawa
西川廣人

講談社

はじめに

日産自動車を辞めて早四年、私の日常は様変わりした。

「やあ、Nさん。現地チームの状況はどうかな？」

「お陰さまで順調です。西川さんがベトナムまで足を運んでくださったのは夏でしたね。あれからどんどん良くなっていきます。これからはもっと付加価値の高い仕事を増やしていこうと考えているのですが、どこから手を着ければいいのか……。当面の課題ですね」

東京都港区芝、東京タワーの近くにあるITサービス会社「I社」のオフィス。N社長との定例会合はだいたいこんな会話で始まる。

I社は一九九〇年代にITベンチャーとして旗揚げした。Nさんは創業者から事業を引き継いだ二代目社長。エンジニアから経営者に転じた気鋭のリーダーだ。

私の相手はI社だけではない。

同じくITサービスの会社で、最近戦略的なM&A（合併・買収）を進めている「N社」。同社のK社長との会合では、M&Aが成立した後の経営プロセス、いわゆるPMI（ポスト・マージャー・インテグレーション、買収後の統合作業）が話題の中心になる。それぞれの自主性を尊重すること、統合によるシナジー（相乗）効果を追求すること。どちらも重要であり、私も経験してきたテーマだ。

製造会社の現場を訪ねることもある。大阪にあるN化成はもともと高い技術開発力を持っているメーカーだが、さらなる成長のために老朽設備の更新を進めている。先日も工場を訪ね、設備更新の様子を見せてもらった。設備の新鋭化は必須だが、投資負担とのバランスをとることなどについてT社長と話し合った。

昼間はＡＩに特化したベンチャーの東京オフィスで定例会合、帰宅して夜になってから英国のＩＴベンチャーのＣＥＯ（最高経営責任者）とパソコンでオンライン会議……。こんな調子で、日産で働いていた時代とは全く異なる生活を送っている。ベンチャーの方々とのネットワークが広がるにつれ、忙しさも増していく毎日である。

私は二〇一九年九月に日産自動車社長兼ＣＥＯを辞任し、半年後の二〇二〇年二月には取締役からも退いて日産を去った。ちょうどその時期から新型コロナウイルス感染症が国内外で急速に広がり、海外との行き来はもちろん、外出や会食といったごく当たり前の日常生活が制限され、人と会う機会が激減してしまった。

長年勤めてきた会社を辞めたという個人的な変化、コロナ禍の中の自粛という社会的な変化。二つの大きな変化を同時に体験することになったのである。

急激な変化を経験すると、体調を崩したり、精神的に変調をきたしたりする方が少なくないと聞く。私の場合、自分の生活のペースが変わるのと同時に、社会全体がコロナ禍とその後の社会の変容というはるかに大きな変化に直面したわけで、それに合わせることが日常の中心になった。結果的に個人的な環境の変化をあまり意識する余裕がなかったことが、かえって幸いしたかもしれない。

日産は一九九〇年代後半に破綻寸前の経営危機に陥り、そのどん底から奇跡的ともいわれるV字回復を遂げた。四十年余りに及ぶ自分の会社人生を振り返れば、その後半、つまり二〇〇〇年から約二十年の間に年々仕事の範囲が広がり、それにつれて忙しさも増していった感がある。特に最後の数年間は混乱、いや大混乱といえる状況を経験し、知らず知らずのうちに心身への負担が大きくなっていたと思う。

そんな中で二〇二〇年二月を迎えたのだった。

会社を去る。自分にとって、いや誰にとっても人生の大きな節目であろう。そんな節目を迎えたと同時に、コロナ禍に遭遇した。例えてみれば、大きなエアポケットに入ってしまったような感じだった。日産を離れ、さてどうするかな……。そんなことを改めて深く考える時間を得たともいえる。

そんな折、旧知の弁護士で十六年も先輩に当たる方から、

「西川さん、最近なにしてるの？　暇はいかんよ」

と声をかけていただいた。

その方から、自ら起業して成功を収めている何人かの実業家を紹介された。その縁でいくつかのＩＴベンチャーのアドバイザーとして、若い起業家たちのお手伝いをすることになったのだった。自動車業界とは全く縁のない、これまで交わることのなかった人たちが相手である。

当初はコロナ禍の影響が大きく、対人の会合も制限され、ほんの数社のお手伝いというレベルにとどまっていた。やがてコロナ禍が落ち着いていくにつれ、日産時代とは違う若い経営者たちとのネットワークも拡大していった。最近はモノづくりの会社の再生を後押しするほか、ＭａａＳ《マース》（モビリティー・アズ・ア・サービス、次世代移動サービス）の領域にまでお手伝いの範囲が広がってきている。

私が日産で培ってきた経験や知見が世代も業界も異なる方々の役に立つのだろうか。最初は半信半疑だった。

しかし私より十歳、二十歳以上若い起業家、あるいは起業後に成長、上場し、その企業の責任者として采配を振るっている方々と毎月会合を重ねるうちに、少しずつ手ごたえを感じていった。アドバイスは決して一方通行ではなく、私の方も彼らから学ぶところが大いにあるし、そのやり取りの中で少しは彼らのお役に立てているという実感が湧いている昨今である。

かつて大半の日本の高校生、大学生にとっては、良い大学を出て、なんとか大手企業に入るというのが進路を決める際の一本道だった。しかし私がお手伝いしている人たちの活躍を見るにつけ、ベンチャー、起業、専門性を持ったフリーランス……といった多様な道が身近になり、一本道ではない生き方や働き方がようやく市民権を得てきたと感じる。

一方で日本発のベンチャーは、国内のマーケットや消費者向け、あるいは日本に本社を持つ大手企業向けの取引が中心で、ほとんどが日本のマーケットや商習慣の中の勝負になっている。

日本の自動車産業は一九七〇年代から八〇年代にかけて輸出を軸に世界市場で存在感と評価を得た。その後、現地生産化の時代を経て今に至っている。つまり日本企業は製造業を中心とした企業単位の団体戦で勝ち抜き、今の地位を確立したといえる。

対して欧米では一九九〇年代以降、旧来の大手製造業に代わって新世代の起業家が次々とＩＴ企業を生み、世界規模の企業に成長させていった。近年はさらに多くの若い経営者が台頭し、彼らが経済界や実業界の新リーダーになってきている。つまり欧米は抜きんでたリーダー起業家が次々と生まれ得る環境の下、いわば個人戦で世界を席巻しているのである。

日本は過去に団体戦で十分に、いや十分以上に存在感を発揮していた。ところが昨今の個人戦では、残念ながら世界レベルの際立ったリーダー起業家はほとんど現れていない。

日本でも一九九〇年代以降の起業ブームとその後の成長の中で、個として強いリーダーシップを発揮できる方は少なくないのだが、どうしても内向きになってしまいがちだ。国や地域、文化の枠を超え、多様な環境の中でも十分に認められ、活躍できる人材が育ってほしいと願っている。

他の日本の製造業と同様、私が長く籍を置いていた日産も一九七〇～八〇年代は団体戦で世界のトップグループをひた走っていた。ところが九〇年代以降に海外生産を進める中で、より高いレベルの国際的な事業運営が求められたが、その時代の流れに追いつけず経営危機を迎えてしまった。

やがてカルロス・ゴーンというカリスマ的な外国人リーダーが優れた若い経営陣を引き連れてやってきた。個としての強みを持つ彼らのリーダーシップの下、多様な人材がうまく生かされ、日産はV字回復を遂げたのだった。

一九七〇年代後半に入社した私は、新旧両方の時代を経験し、良い時代も悪い時代も知っている。四十年余りに及ぶ私の経験が、現在と将来の起業家たちの参考になれば幸いだ。

私がカルロス・ゴーンから社長を引き継いだのは二〇一七年。就任二年目に当たる二〇一八年秋に起きたゴーン事件の背景には、当時のゴーン会長に代わってリーダーになれる人材が、私を含めた日産の日本人社員、役員の中からなかなか現れなかったという事情もある。結果として、ゴーンのトップ在任が十八年の長きに及んでしまったのである。

ゴーン体制下で様々な出来事があった。

V字回復は確かに素晴らしかったが、ゴーンによる数々の不正は言語道断である。それぞれ個別の事象としてとらえ、語られてきた感があるが、それらを含む大きな流れとして、私が経験してきた高度成長期の終焉から今に至る出来事をとらえ直し、そこで自ら感じてきたことをつづってみたらどうだろう。現在と将来を生きる方々の参考になるのではないか。そう考えて筆を執った次第である。

わたしと日産　巨大自動車産業の光と影　目次

はじめに――1

第一章　不正発覚――13
ゴーンと私は「対立関係」にあったのか／不正を知ったあの日のこと／検察からの口止め／ゴーンと交わした会話／逮捕までのメール／最後に彼と会った日／今日は何かありそうだから／夜の記者会見

第二章　ゴーン事件とは何だったか――47
不正行為の実態／水面下で行われた工作／私に向けられた批判

第三章　「非主流」のサラリーマン――61
祖父との因縁／入社した一九七七年という年／入社式に「塩路会長が来られる」／購買部門に配属されて／「ケイレツ」の重さ

第四章　海外へ――81
英語で仕事をするということ／「ジャップ、ゴー・ホーム」／バブル景気に浮かれる日本に戻って／秘書課に勤務

第五章　ルノーの救済――95
ゴーンとの出会い／辻さんに言われたこと／ルノー幹部の雰囲気／日産リバイバルプラン／単身赴任をとりやめて／ルノーとの共同購買／米同時多発テロの衝撃／社長就任と「内なる国際化」／日本人社員とは飲まない！／揉め事、大いに結構／聞き上手の上司・ゴーン

第六章　ゴーンの変質――141
ゴーン、ルノーCEOに／ケリーの人事／ペラタ氏のリーダーシップ／欧州統括から北米統括へ／ルノーにおけるゴーン／スパイスキャンダルの痛手／ゴーン政権を延命させた危機／行き詰まり／日産にとってルノーとは

第七章　圧力――171

逮捕当日、午前のできごと／「悪者はサイカワ」の悪評／スナール新会長との出会い／残された禍根

第八章　退社まで――189

塙義一元社長から学んだこと／マクロンチームとの交渉／直談判／着地点／監視役としてのケリー／相談できる先輩はいなくなった／三菱自工・益子修さんとの共同事業／前のめりのゴーン／関潤、グプタという二人の後輩／日産勤めが終わった日

第九章　次世代のビジネスパーソンへ――229

日産の蹉跌とは何だったか／ゴーン改革の意義／求められるリーダーシップ／日本発ベンチャーはどこまで可能か

おわりに　248

わたしと日産

巨大自動車産業の光と影

カバー写真　野口 博（FLOWERS）
ブックデザイン　鈴木成一デザイン室

第一章 不正発覚

ゴーンと私は「対立関係」にあったのか

今となっては旧聞に属する話かもしれないが、まずは私の視点でゴーン事件を振り返り、事件の本質について思うところを述べておきたい。

私は一九五三年十一月、カルロス・ゴーンは一九五四年三月に生まれている。日本流にいえば同学年ということになる。

二〇一七年四月一日、私はゴーンの後継として、日産自動車の社長兼最高経営責任者（CEO）に就任した。それまで十八年にわたって日産を率いてきたゴーンは同日、日産の会長となった。

ゴーンの後継としての私の仕事は、二〇〇〇年から積み重ねてきた日産改革の集大成、次世代への引き継ぎの二つが柱になるはずだった。

ところが、社長就任からわずか一年半後の二〇一八年十一月十九日、あろうことか会長のゴーンが金融商品取引法違反で東京地検特捜部に逮捕され、私は社内外に広がる混乱の収拾という全く想定外の仕事に追われる羽目になった。

遡ること十九年前の一九九九年、ゴーンは経営難に陥っていた日産にフランスの自動車会社ルノーから最高執行責任者（COO）として送り込まれた。二〇〇一年には日産のCEO

に就任している。

これまでの報道を振り返ると、大成功を収めた「ゴーン改革」から、不正の発覚、四度にわたる逮捕、保釈中の国外逃亡と続いた「ゴーン事件」に至るまで、センセーショナルあるいはドラマチックな部分ばかり報じられてきた感がある。

確かに一連の出来事や事件はドラマとセンセーションに満ちており、折にふれて単発的に報道されてきたが、ここで流れを整理しておきたい。

そもそもゴーン事件が明るみに出たのは内部告発がきっかけだった。ゴーンの罪は金融商品取引法違反にとどまらず、会社法違反（特別背任）にまで発展した。

簡単にいえば、ゴーンは日産のトップという立場を悪用して私腹を肥やしたのである。

保釈中の二〇一九年十二月に中東のレバノンへ逃亡したゴーンは一貫して無罪を主張し、一連の事件をこう断じている。

「すべて日産の陰謀だ」

しかし彼の罪は明らかである。

長期間にわたってその事実が明るみに出なかったのは、彼と彼の取り巻き連中が巧妙に事を進めたからにほかならない。ゴーンはこう思ったのではないか。

「絶対にバレないはずだったのに、いったいどうして発覚したのか。私のような外国人にコントロールされるのを嫌う日本人、ルノーとのアライアンス（企業連合）の強化を恐れる日本人……。彼らが私を陥れるために、いろいろと根掘り葉掘り嗅ぎ回ったのだろう」

「そうだ、これは陰謀に違いない」

外国人や外国企業にコントロールされるのを嫌う日本人は、日産社内に限らず一定数いるだろう。ゴーン事件について内部告発をした人、内部調査にかかわった人たちの心中にその種の思惑がどれほどあったのか、社長の私さえあずかり知らぬところで始まった調査だから推測の域を出ないが、ゼロではなかったかもしれない。

しかし、内部調査と検察の捜査で露呈したゴーンの背任行為は「法に触れるとは知らなかった」といったレベルではなく、明らかな確信犯だった。発覚した不正行為の悪質さは彼らの想像をはるかに超えていたに違いない。

内部調査の結果を聞かされた時、私は耳を疑った。

当時のゴーンはアライアンス強化に向けて強引さを増していた。そんなゴーンに対して、日産社内で非難の声が高まっていたことも確かだった。とはいえ、ルノー・日産自動車・三菱自動車のアライアンスを率いていくにはまだまだゴーン会長のリーダーシップが必要だと私は思っていたのである。

しかし内部調査による数々の不正の証拠を見せられ、私はこう思った。

不正行為があったのは明白な事実だ。これは動くしかない。とんでもないショック、混乱が起きるだろうが腹をくくってやるしかない」

覚悟を決めたのだった。

ところがゴーンが逮捕された後、次のような見方が一部で喧伝された。

「ゴーンと西川は対立関係にあった」

そんなことは絶対にない。しかし、その言説はゴーンの主張する「日産の陰謀」説の裏づけにまんまと利用された。

私に言わせれば、それこそ陰謀である。

ゴーンが日産の再建に乗り出した後、最初の何年かはパトリック・ペラタ氏をはじめ優れた側近が彼を支えていた。ゴーンに意見できる存在がいたのである。

次第にゴーンが偉くなりすぎたのか、周りにはイエスマンが増えていった。

「日産よりゴーンさんが大事」

そう考える取り巻き連中が幅をきかせるようになったのだ。彼らはきっとこう騒ぎ立てたに違いない。

「サイカワはゴーンさんに反対している」

そこに日産内の一部の日本人が過剰反応して「ゴーンと西川は対立関係にある」という言説が広まり、ゴーンによる「日産の陰謀」論が増長していったのだ。多くの人の証言や耳打ち、それまでの経緯を総合したうえで、私はそう推察している。

私はゴーン改革からゴーン事件までを自分の経験として一人称で語れる数少ない人間の一

人だと思っている。

ゴーンの不正そのものは断罪されるべき悪しき行為だった。それは紛れもない事実だ。しかし一方で二〇〇〇年以降ゴーン体制の下で進められたゴーン改革、特に内なる国際化、リーダー層の人材構成、意思決定、業務プロセスの革新といった様々な経営改革のすべてが不正と同列に扱われ、否定されてしまうことを私は強く懸念している。

不正は不正として明確にする。そのうえでゴーン改革の優れていた点は素直に評価し、改革を進める中で浮き彫りになっていった日本型組織の課題も私の視点で分かりやすくお伝えしたいと思っている。

不正を知ったあの日のこと

私は二〇一八年十月八日、英国のオックスフォード大学で講演した。「ニッサン・インスティチュート・オブ・ジャパニーズ・スタディーズ（日産現代日本研究所）」主催の講演会で「日本の産業界におけるリーダーシップ」と題して話したのだった。

同研究所は一九八一年に日産の寄付でオックスフォード大学内に設立されている。当日は日本を研究する大学院生をはじめ、教授や助手ら二百人近くが熱心に耳を傾けてくれた。講演会には日産専務のハリ・ナダも参加していた。教授陣との懇談も終わり、ロンドンの宿に向かおうとする私を呼び止め、ナダが言った。

「サイカワサン、ちょっと話をしておきたいことがあるんだけど」

「分かった。明日の朝、僕のホテルのロビーで待っているよ」

そう答えて別れた。

十月九日朝、ロンドン。私は部屋を出てロビーに向かった。ナダがすぐに私の姿を見つけて立ち上がった。

「おはよう、サイカワサン」

いつものナダはもっとくだけた調子で話すのに、妙にあらたまって口調が硬い。

私はナダをソファに座らせ、彼の隣に腰を下ろした。

「サイカワサン、実はシリアスマター（重大な問題）が起きているんだ。ミスター・ゴーンに関して……」

「おいおい。いったい、どういうことだ」

「僕の口から多くは話せないんだよ。詳しいことは監査役から報告を受けてほしい。帰国したら、できるだけ早く監査役に会ってもらいたいんだ」

私は声を潜めながら、なかなか話したがらないナダを質問攻めにした。

それで分かったのは、彼自身がシリアスマターの全容を把握しているわけではないこと、誰かにきつく口止めされていること……。とにかく異様な事態だった。

ただ、それだけの情報では、なにが、どのようにシリアスなのか全く想像もつかない。私が執拗に食い下がると、ナダがようやく重い口を開いた。

内部告発をきっかけに始まった調査でカルロス・ゴーン会長の不正が発覚したというのだ。

「ブリーチ・オブ・トラスト」

ナダの口から出た言葉に、私は慄然とした。当時はまだなじみの薄い英語だったが、もちろん意味は分かった。「背任罪」だ。現役の会長が背任罪に問われるかもしれない、日本の捜査当局が動いている……。

歯切れの悪いナダの話と自分の推察を総動員して、この時点でそのあたりまではなんとか理解したと記憶している。

皮肉にも私がオックスフォード大学から頼まれた講演のお題は次のようなものだった。

「日本には世界的な企業が多いのに、なぜ著名な経営者はいないのか。将来、日本人の中からカルロス・ゴーンのような際立った経営者は現れるだろうか」

ナダの話が尽きると私は立ち上がり、天を仰いだ。いったいなにが起きているんだ。この事態にどう対処すればいいのか。あまりにも想定外の出来事で、思考が追いついていかなかった。

せいぜい十分程度のつもりでロビーに向かったのだが、結局ナダと一時間以上も話し込んでいた。

その後、予定通りに社用を済ませて帰国した。秘書やアシスタントたちに気取られないように、努めて平静を装ったのは覚えているが、帰国便の機中でなにをしたのか、どんなルートで帰宅したのかなど、その日の行動についてはほとんど記憶が欠落している。私自身、異様な雰囲気を漂わせていたに違いない。

検察からの口止め

「今津さん、ちょっと来ていただけますか」

横浜のみなとみらい地区にある日産グローバル本社に出勤した私は、すぐさま当時の今津英敏常勤監査役を執務室に呼んだ。彼は日産の元副社長で、二〇一四年から監査役の職にあった。

今津監査役の報告によって、おおよその事態が判明した。

外部弁護士の調査でカルロス・ゴーン会長による数々の不正行為が明らかになったこと、すでに外部弁護士の助言を得て検察当局に報告しており、当局の捜査も始まっていること、不正のいくつかは刑事事件に発展する可能性があること……。

ロンドンでナダから一報を受け、それなりに覚悟は決めていた。監査役の報告は落ち着いて聞けるはずだった。そのつもりだったのだが、すでに検察に相談してから三ヵ月近くたっているると知り、落ち着いてなどいられなくなった。

「今津さん、もう三ヵ月近くたっているんですよ。なぜ私に一言の報告もなかったのですか」

文字にすればそんなことを言った。いや、もっと強い口調だったかもしれない。とにかく私は語気を強めて問いただした。

「検察から口止めされていました。社長を含めて誰にも報告するな、と」

後になって分かったのだが、現役の会長が犯した不正であるため、社内の人間がどこまでかかわっているのか検察がしっかり把握するまで、社長をはじめ他の取締役にも話をしないように……と固く言い渡されていたようだ。ようやく検察の許可が出て、一刻も早く社長に報告すべしということになったのだ。

ただし情報を上げるのは社長の西川までで、事情を知る人間をこれ以上増やさないようにと検察から念を押されてもいたのだった。

内部調査と検察の捜査によれば、もはや会長による不正行為は否定できない厳然たる事実だった。

当時、私が社長兼ＣＥＯに就任してから一年半になっていた。現役の会長が刑事事件で逮捕されるかもしれない。そんな前代未聞の異常事態に、社長としてどう対処すべきなのか……。

重大なトラブルが起きた時は、できるだけ事実と本質だけを見て、物事を単純化して考える必要がある。

日産のV字回復にカルロス・ゴーンが果たした功績は大きく、歴史に残る偉業であることは疑いない。しかしそれとこれとは全く別の問題で、不正は不正として厳正に対処すべきなのだ。正面から向き合うしかない。私はそう腹を決めた。

残念なことに、今津監査役の報告によって、彼がこの重大案件についてすでに他の日本人役員に相談を持ちかけ、協力を仰いでいたことが判明した。しかもその役員は渉外担当、つまりこの件に関しては全く権限のない人間である。監査役として動くのは当然の責務ではあるが、社長の私にさえ隠密裏に事を運んでいた段階にもかかわらず、自分の判断で業務担当外の日本人役員を引き込んだのは適切な判断ではなかった。

会社のガバナンスについて監査役が相談すべき相手では決してなかったのである。

私は決断した。

その後の内部調査は、グローバル内部監査室本部長の職にあった米国人のクリスティーナ・ムレイを中心とする小人数の内部調査チームで動くように変更したのである。正確にいえば、彼女は内部監査のトップなのだから、本来の体制に戻したにすぎない。

ムレイは二〇一七年、日産の国内六工場で長年にわたって行われていた完成検査の不正

（無資格者が検査に当たっていた）が発覚した際の対応でも中心的な役割を果たしてくれた。必要があれば現場に近い人たちに入り込んで聴き取りをすることもいとわないタイプで、日本人からも認められている私の信頼するマネジャーだった。

そもそも内部統制や不正調査などの担当ではない、管轄外の者を交えて日本人役員だけで対処していくことには大きなリスクがあった。現役の会長（しかも外国人だ）による不正発覚という一大事が起きたのである。その初動の段階において、本来の責任領域を逸脱する形で、日本人だけの非公式な情報共有が許されつつあった。その動きを許してしまえば、いたずらに社内を分断し、ルノーとの関係の見直し、あるいはルノーとの対立をあおる方向に事が進みかねなかった。

そこで私は日本人の中で「ささやき情報」が出回るのを厳しく制限した。結果としてゴーン逮捕の前日ごろまで、私が許した人間以外には、すべての情報を伏せることになった。私としては無用な混乱や摩擦を避けるために講じた策だったが、後に聞いたところによると一部の日本人幹部からは、

「西川ではなく、おれたちが記者会見を仕切ってもよかったのに……」

といった不満が噴出したらしい。

当時はゴーン逮捕という異常事態を乗り切ることが最重要課題で、私自身もそこに集中していた。残念ながら、こうした社内の不協和音にまで気を回す余裕などなかったというのが

正直なところだ。

今津監査役の報告から何日後だったか記憶はあいまいだが、丸の内にあるホテルの一室で担当検事と面会した。

形のうえではゴーン会長の関係者の一人に対する事情聴取であり、私は質問される側だったはずだ。しかし私はゴーン会長の不正行為については全くなにも知らなかった。だから実際は担当検事の質問とその背景説明を通じて、私の方が不正事案の詳細や捜査の焦点を教えてもらう形になった。

検察は捜査を進める中で「社長の西川は不正に関与していない」との確証を得たため、私を秘密裏に呼び出したのだろう。

担当検事に会った後、これは社長の私一人で対処しきれる問題ではなく、何人かのサポートが必要だと悟った。それで法務のベテランの部長級と私のエグゼクティブ・アシスタント（課長級）の二人に状況を説明し、検察側との連絡、社内調整に当たってもらう必要最低限の体制をつくった。

その頃、内部調査に当たってきた法務の専門家や弁護士らから「緊急の要請」を受けた。これまでの日産の法務体制は民事専門であり、かつ国際的な案件に対する体制はそれなりに手厚かったが、日本国内の事案に臨む体制は必ずしも強固ではなかった（つまり日本語を話す専門家が手薄だったということだ）。そのため今回のような日本の司法の下における大がかりな刑事事案に対処するには、専門の弁護体制が必要である、という至極もっともな話だった。

それで元検事の経歴を持つ高名な弁護士に急遽対応をお願いし、内部調査の担当弁護士と連携する体制を築いた。とにかく私だけでなく、会社全体が初めて経験する異常事態だった。

ゴーンと交わした会話

ここで私がゴーン事件の報告を受けた二〇一八年十月から時計の針を半年ほど戻し、二〇一八年春の状況を整理しておきたい。

私は社長兼CEO就任二年目を迎えていた。中国事業が順調に発展して収益の柱となる一方、無理な拡大路線のツケで北米事業の収益が悪化し、その対応が喫緊の課題となっていた。

長年の懸案であるルノーとのアライアンスの将来形についても、フランス側からゴーン会長（日産の会長とルノーの会長を兼ねていた）への圧力が増していた。

つまり北米収益の改善という足元の課題と、ルノーとの関係という長年の課題の両方が経営陣に重くのしかかってきた時期だった。

当時のゴーン会長は日産の実務については社長の私にほぼ委ねていた。一方、ルノーではCEOを兼務しており、ナンバーツー以下の幹部への委譲が進んでいなかった。結果としてゴーンは日産よりフランス側の事情を身近に感じ、日常の感覚がフランス、あるいはルノーの事情に影響されやすい状況にあったといえるだろう。

日産にとって良い傾向ではなかった。

かつてゴーンが日産のCEOを兼務していた時期と同じように、彼に日産を身近に感じてもらうことが大切だと私は考えた。日産の社長としての事業運営はもちろん、日産の会長であり、ルノーの会長兼CEOでもあるゴーンとの意思疎通をさらに図っていくことも私の重要な仕事の一つになっていたのである。

ゴーン自身はルノーの会長とCEOの任期満了が迫っていたのだが、二〇一八年二月の取締役会でCEO続投が認められ、六月の株主総会で正式に決定されることになった。とはいえ、ルノーの筆頭株主であるフランス政府から再任支持の条件として「日産とのアライアンスを不可逆的にすること」との宿題を出されていた。

アライアンスの形については、ルノーや日産の取締役会で正式に議論される段階には至っていなかったが、フランス側の非公式な議論では経営統合が取り沙汰されていた。「経営統合」とはルノーと日産の両社が一つの持ち株会社の下に入ることを意味する。そのため日本の投資家やメディアも注目していた。

私は当時、会長のゴーンと毎月一対一でミーティングをしていた。私は「アライアンスには賛成だが、経営統合には反対」という立場でミーティングに臨んでいた。ある日のミーティングのやり取りはおよそ次のような調子だった。

「ゴーンさん、あなたはよく分かっているでしょう。私がルノー・日産・三菱のアライアンスそのものには賛成なのだということを」

ゴーンが私の目をじっと見つめる。私は続けた。

「私自身はアライアンスをもっと発展させるべきだと思っています。この形態は、ほかには簡単にまねのできる仕組みではないし、自動車業界がさらに進化していく中で大いに強みになるとも思っています。それぞれの自立性を損なわずにアライアンスを組めば、スケールメリット（規模が大きいことによる優位性）を享受できるはずです」

「ああ、それはそうだね」

「これは単なる組織論ではないのです。ゴーンさん以下のメンバーで築いてきた一種の経験則であって、簡単にまねはできない。業界他社で、規模の面で将来に不安を抱える会社は、必ず魅力を感じるはずです。ルノー、日産、三菱だけでなく、さらに横に拡大していけるでしょう。そこには大いなる可能性があります」

「もちろん分かっているよ、サイカワサン」

こんな調子で、私は常に持論を述べていた。ゴーンもそれは十分に承知していたのである。私は慎重に続けた。

「経営統合に対して感情的な抵抗感があるからこんな話をしているわけではないのですよ、ゴーンさん。アライアンスの競争力の源泉の一つに、日産の技術開発力がありますね。それが現時点で強みになっているわけですが、今後も若くて優秀な人材を引き付け続けることが重要です」

ゴーンは黙ってうなずく。私はさらに言葉を選んで続けた。

「ここで経営統合を強引に進めれば、日産はその新しい組織の一部になってしまい、独自の技術開発は失われてしまう。残念ながら、その変化はプラスには働かないでしょう。長い目で見れば、技術開発グループのモチベーションの低下につながる恐れが大きいのです」

この私の言葉をもう少し平たく言い換えれば「開発陣をルノーと一体化してもあまりプラスはなく、むしろ日産の開発陣の士気の低下の方が心配だ」と主張しているのだ。

私はルノーの開発陣、モノづくりチームと長い時間を共有し、信頼関係を築いてきた。だからルノー開発陣の強みも弱みも確信をもって語れる。その自信があったからできた発言だった。

ゴーンはその点については正面からは否定せず、こう続けた。

「いや、サイカワサン。私が考えている方向はルノーと日産を一体化してしまうことではないんだ。今の形を維持しながら、その上部にホールディングカンパニー（持ち株会社）をつくることとなんだよ。だから日産のメンバーが自主性を失う心配はないんだ」

「ゴーンさん、確かにそういう考え方はあると思います。しかし今の日本側、日産のメンバーの抵抗はとても大きいのです。彼らを納得させるのは難しいと思いますよ」

ゴーンと話す際は、できる限り客観的な見方を示し、ゴーンとサイカワの対立という構図ではなく、あくまでも冷静な議論の中における意見の相違という形になるように腐心していた。日本における開発陣の現在の様子や今後の人材獲得に対する見方などが違っているだけで、根本的にゴーンと対立しているわけではない……。そういう議論の仕方を心がけていたのである。

「OK、ウィ・ウィル・シー」

日本語で言えば、

「分かった。もう少し考えよう」

そんな言葉で議論を終えたことは何度かあった。

私はゴーンと一対一で会うたびに、経営統合の問題点を彼に理解してもらうように努めていた。しかし一方でゴーンがルノーの会長としてフランス政府から受けている圧力も理解していた。

フランスのプレッシャーに対しては、日産内部、特に日本人幹部の中に反発する向きが多く、ともすれば感情的な議論から深刻な対立に発展しかねない不穏なムードが広がり始めていた。

そんな中で社長の私と会長のゴーンの間で意見の対立が起きるのは得策ではない。なんとか解決策を見いだしたいと思っていた。

ゴーンも私の姿勢を理解し、彼と私の間で厳しい論争があったわけではない。

「サイカワサンの言う通り、フランスと日本、ルノーと日産の双方が満足できる解決策が必要だ。しかし、それもなかなか難しいね」

フランスでルノーのトップとして置かれた立場、取り囲む環境、一筋縄では行かない難しさ……。こうした状況の認識、分析では、ゴーンと私の見解は一致していたのである。

後に喧伝された「西川社長はゴーン会長と対立していた」との見方は全くの誤りである。

それにしても、なぜそんな見方が生まれたのか。

先に言及した通り、当時は「日産よりもゴーンの方が大事」というゴーンの取り巻き連中が幅をきかせ始めていた時期で、彼らが「サイカワはゴーン会長に反対し、二人は対立している」と騒ぎ立てた。そこに日産内の日本人幹部が過剰反応して「対立がある」という妄想が広がったのだと私は理解している。

二〇一八年六月に開かれたルノーの株主総会でゴーンの会長兼CEO再任が正式に決まった。夏になればフランスは長いバカンスシーズンに入るため、休暇明けの秋から冬がアライアンスの将来形を議論するヤマ場になるだろうと私は考えていた。

私がゴーンの不正について報告を受けたのは、まさにそんなタイミングだったのである。

逮捕までのメール

ゴーンの不正そのものだけでなく、ほかにも大きな懸念があった。当時は会長のゴーンからアライアンス優先の強引な指示が矢継ぎ早に飛んできていた時期だ。日産は何事もルノーと相談しなければ動けないという状態に陥り、ルノーとの連携に積極的にかかわってきた中堅リーダー層にまで反発が広がり始めていた。

そんな中で会長の不正が摘発されれば、ゴーン体制下で推進された「内なる国際化」(国籍、出自などにかかわらず、有能な人材が活躍できる体制)のあおりを受け、社内に漂っていた「日本人だけで日産をコントロールできなくなったこと」に対する不満の声が大きくなり、ひいては社内における日本人と欧米人の間の摩擦、ルノーとのアライアンスへの反発が強くなると懸念されたのである。

同時にルノー側でも、会長の不正発覚という衝撃的な事態に対する戸惑いが、日産に対する疑念にすり替わる恐れがあった。

「日産社内の日本人には、ルノーとの統合を嫌がり、アライアンスや協業の深化に反発する勢力がいる。彼らによる意図的なゴーン攻撃、ゴーンはずしがあったのではないか……」

ルノーの首脳がそんな疑心暗鬼に陥る危険性があったのだ。

これらのリスクを回避し、日産社内の混乱を収め、ルノーとの関係悪化を避けなければならない。そのためには、やはり不正は不正として厳正に対処し、経営や事業上の問題、ルノーとの提携の在り方に対する不安や不満などの問題とはっきり区別して臨む必要があった。

私が不正の報告を受けてからゴーン逮捕まで一ヵ月余りかかった。その間、何もせずに指をくわえていたわけではないが、外から見れば「いったい何をぐずぐずしていたのだ」と思われるかもしれない。

実はその間も東京地検特捜部の捜査が進んでいて、ゴーンの不正行為の一部が刑事事件に発展すると想定されていた。日産の事情だけを優先して動くことはできない状況にあったわけだ。

まずゴーン本人が日本にいないという問題があった。

もちろん毎月日本に来てはいたが、普段はフランスをはじめ海外を飛び回っていたのだ。次の訪日まで捜査当局がゴーンに接触するのは難しい状況で、日産としても表だって動くことはできなかった。

その頃、日産では一つの習慣として、会長の不在時は原則として毎週一回、経営会議の各メンバーがEメールでゴーンに近況を報告する決まりになっていた。

それぞれのメンバーがどれだけ忠実に報告していたのかまでは分からないが、単に会長への報告という義務のためだけでなく、自分自身の課題がどれだけ進んでいるかを定期的に確認するという意味合いもあって、私は毎週A４の紙一枚分ほどのメールをゴーンに送っていた。

この習慣は私がゴーンの不正を知らされた二〇一八年十月に入っても変わらず続けていた。急に報告をやめてしまっては、なにか異変が起きたのかとゴーンに気づかれてしまう恐れがあったからだ。

最後に彼と会った日

不正の報告を受けてからゴーン逮捕までの間に、私は一度だけゴーンに会っている。その時のことも書いておこう。

夏季休暇明けの九月から十月にかけては、もともとゴーンが日本に滞在する予定はなかった。

当時の状況から見て、会長のゴーンとはアライアンスの関係を来年以降どう進めていくか、年末までに論議を深める必要があった。そのため二人で話ができる時間をあらかじめ確保していた。時期は海外の移動の合間に当たる十月、場所は北アフリカ北西部のモロッコだった。

十月後半のある日、私はモロッコに向かい、同国最大の都市カサブランカのムハンマド五世国際空港に降り立った。同行者は当時私のエグゼクティブ・アシスタント（課長級）だった田中さんだけ。空港では欧州日産のセキュリティー担当者が一人で待っていた。

市内のホテルに三人で直行した。モロッコはルノーの北アフリカ事業の中心で、大きな工場もある。一方で日産の大きな事業はなく、販売量もルノーよりはるかに少なかった。

ホテルに着くとルノーのメンバーの出迎えを受けたが、彼らも私たちも目立たないように行動した。そのまま私はスイートルームの会議室に案内された。

会長のゴーンが待っていた。七月に日本で会って以来だから、久しぶりの対面だった。

私としては、ゴーンの予定に合わせてモロッコで時間をもらい、最重要案件であるルノーと日産の将来像をどう描くか、来年に向けた進め方を相談するつもりだった。

まず私は夏の間に調査、検討したロイヤル・ダッチ・シェル（現社名はシェル）の話をゴーンに報告した。長らく提携関係にあったオランダのロイヤル・ダッチと英国のシェルが二〇〇五年に合併し、一つの会社になった。ロイヤル・ダッチ・シェルの持ち株会社の在り方が、ルノーと日産の将来の参考になるかもしれないと考えていたからだ。フランス側の構想にある持ち株会社をつくったとしても、日産の独自性を保てる仕組みがあるのかもしれない。そう期待したのだが、残念ながらロイヤル・ダッチ・シェルの事例はそうではなかった。

私はその報告を終えた後、懸案のルノーとの関係については、

「やはり経営統合を日本側が受け入れるのは難しいですね」

とだけ話した。

するとゴーンは身を乗り出して、

「サイカワサン、ホールディングカンパニーの下ではルノーと日産は対等に扱われる。だから日産にとってこんな好条件はないんだよ」

と、より強く経営統合を勧めてきた。

「持ち株会社の下では対等といっても、時間の経過とともにルノーと日産の独自性は失われ、結局、最後は合併と同じことになると思いますよ」

「そうか……。サイカワサン、あなたは不賛成なんだな」

打ち合わせはわずか三十分程度で終わった。

恐らくゴーン側の目には「いったいサイカワはどういうつもりなんだ。わざわざモロッコまでいつもと同じことを言いに来たのか」と映っただろう。

私としては日本側で起きていることを気取られないように、無駄を承知でそうするしかなかったのだ。

今日は何かありそうだから

この異常事態は内部調査の関係者を除けば、社長の私をはじめごく少数の関係者しか知らなかった。

その段階で判明していた不正の事実、想定される当局の動きなどを踏まえ、私は次のステップを考えた。

まず取締役会を開かねばならない。会長の不正を報告して対応を決議し、どのタイミングで公表するかまで練る必要がある。これもごく少数の関係者で極秘裏に検討、準備を進めた。

異様な緊張状態の日々が続いた。恐らく私の周りのスタッフは容易ならざる事態が起きていると察知していただろう。とはいえ、少なくとも表面上は平常通りの事業運営を進めるしかなかった。

二〇一八年十一月十九日。この日にゴーンが日本に来ることは、日産社内の情報として、社長の私も当然把握していた。情報は当局との連絡窓口を通じて、東京地検にも報告されていた。

検察当局がその段階でどう動くのか、私には見当もつかない。当時すでに結成されていた刑事事件専門の弁護士チームから想定されるケースを教えてもらって備えるしかなかった。

私の頭の中を思い出してみると、

「会長を乗せた飛行機が着陸したら、当局は必ずゴーン本人に接触する。場所は空港か、その後の移動先か。まずは任意同行ということになるのかな」

といった程度であり、必ずしも即逮捕という想定はできていなかった。ただし、ゴーンが日本に到着したら当局が動き、恐らくその日のうちに不正問題が外部に伝わり、大騒ぎになるだろう……といった想定はしていた。

「そこから、できるだけ早く動くしかない」

そう考えていた。

妻によれば、私は当日の朝、

「今日はなにかありそうだから、犬の散歩は早めに行った方がいいよ」

とつぶやいて出かけたらしい。実はその一年前、完成検査不正の問題が起きた際、自宅の前に記者が連日押しかけ、犬の散歩もままならないという経験をしていたのだ。

その日の夕刻、ゴーンを乗せたコーポレートジェット機が羽田空港に降り立った。エンジン部分に「ＮＩＳＳＡＮ（日産）」とも読める機体番号「Ｎ１５５ＡＮ」が記されている。東京地検特捜部は彼に任意同行を求め、即日逮捕した。

事件が一気に明るみに出たため、私も社の内外に向けて説明できる状態になった。その日のうちに臨時取締役会を最短で開催するために招集をかけ（招集状は取締役の全員に出す必要があるため、疑惑の渦中にいたゴーンとグレッグ・ケリーにも出したと記憶している）、記者会見を開き、夜から明け方にかけてフランスのルノーや三菱自動車など関係先への状況報告に追われることになったのである。

ゴーン逮捕の夜に開いた記者会見は、社の内外に初めて「何が起きていたのか」を説明する場となったが、事前に十分に準備していたわけではない。その日、事態がどのように展開するのか東京地検特捜部から事前に知らされてはいなかったし、日産の対応に関しては社内でも極秘で準備を進めてきたため、記者会見では私が直接話す以外に方法はなかったのである。

ゴーンを乗せたプライベートジェットが羽田に着いたという連絡が入った後、私はエグゼクティブ・アシスタントの田中さんにこう告げたのを覚えている。

「会社のセキュリティー（警備保安担当）にどうなっているか確認してもらえるかな。捜査当局から何か連絡があったら、すぐに教えてくれ」

やがて検察当局から連絡が入った。

「ゴーンが使っている会長室を含めて、日産本社を家宅捜索する」

相前後して、ゴーンが任意同行の形で当局に身柄を拘束されたらしいとの情報も入ってきた。

「ここまで来ると、すぐに情報が拡散してしまうな。何が起きているのか、できるだけ早く、しかも正確に伝える必要がある。社外にも、そして社内にも……」

私の脳裏を様々な考えが駆け巡った。相談する相手はいない。

マスコミが「ゴーン会長　事情聴取」の速報を流したのは午後五時台だった。私は相前後して次に向けた行動に踏み切った。関係先への連絡を手配するとともに、プレスリリースを発表して記者会見の手はずを整えた。

会見で話す内容は自分で考えるしかない。自分だけのために記しておいた手元のメモに基づいて話す内容を整理した。その合間に田中さんを呼び出し、指示を出し続けた記憶がある。

「今日の司法当局の動きを会見でどう表現するのが適当なのか、法務と弁護士チームに確認してくれ。捜査当局からなにか発表があったら、その内容も教えてくれ」

夜の記者会見

結局、記者会見には一人で臨むことになった。法務担当や弁護士を同席させず、なぜ一人でやるという段取りになったのか記憶は定かではない。とにかく前代未聞のとんでもないことが起きたわけで、社外も社内も驚きを通り越して唖然としているに違いない。

今なにが起きているかを社の内外に理解してもらう。なにはともあれ、それが記者会見に臨む私にとって最も重要な課題だった。

報告を受けてから約一ヵ月、信じられない事態に直面しながら、その事実を公にはできず、自分の胸に抱えているしかなかった。それがようやく自分だけで抱える必要はなくなる。まずは可能な限り事実を公表し、この状況を社内、社外の人々に知ってもらう。今後なにをするにしても、まずそこからスタートするしかない……。

もちろん私には分からないこと、憶測で語ってはいけないことが山積していたわけだが、その制約の中でも現状をよく理解してもらわなくてはならない。そのためにはできる限り分かりやすく、自分の言葉で説明するしかないと思いながら、本社八階の記者会見場に向かった。

時計の針は午後十時を少し回っていた。

おびただしい数のフラッシュがたかれ、高速のシャッター音が無数に響き渡る。今まで見たこともない数の報道陣が広い会見場を埋め尽くしていた。

「皆さん、今日は非常識というか、大変遅い時間の会見で申し訳ありません。お集まりいただきましてありがとうございます。私の方からまず少しお話しさせていただいて、ご質問があれば受けたいと思いますので、よろしくお願いいたします」

私は何本ものマイクが置かれたテーブルの前に着席し、ハンドマイクを握って話し始めた。

会見場のテーブルは凹凸の「凹」の字に配置されている。私のテーブルを「一」とすれば「一凹」の形になっている。「凹」のへこんだ部分はカメラマンたちのスペースになっていて、彼らは床に腰を下ろしたまま休みなくシャッターを切り続ける。

「凹」の字に並んだテーブルには記者たちが整然と着席し、ノートパソコンを広げてこちらを見つめている。顔見知りの記者やノンフィクションライターの顔もちらほらと見えるが、初めて見る顔も少なくない。「凹」の外側にはテレビカメラのクルーがずらりと並び、こちらに照準を合わせている。

「本日夕刻、プレスリリースでお伝えした通り、当社の代表取締役会長のカルロス・ゴーンについて、社内調査の結果、本人の主導による重大な不正行為を確認いたしました」

フラッシュもシャッター音も全くやまない。

「会社として断じて容認できる内容ではない」

「解任を提案することを決断した」

「同時に本事案の首謀とも判断される代表取締役グレッグ・ケリーの代表権も解く予定である」

私は淡々と説明を続けたが、検察当局の捜査が進んでいる最中であっただけに、私の口から説明できる範囲は非常に限られていた。

そんな中で、あえて本音を漏らした場面もあった。

「私自身、日産のリバイバル以降、全身全霊で日産のリカバリー、前進に力を注いできたつもりでございます。経営会議メンバーとしては力を合わせ、全力でやってきたつもりでおりましたし、今もおります。そういう中でこういうこと（ゴーンの不正）が確認され、結果的にこういう重大事案になったことについて、どう表現していいか難しいのですが、残念という言葉ではなく、それをはるかに超えて強い憤りを感じ、そしてやはり私としては強く落胆しております」

憤りを感じると同時に落胆しているというのは、当時の偽らざる本心だった。もっと言いたいことは山ほどあったが、私は次のように述べるのが精いっぱいだった。

「ガバナンスの観点においては、やはり課題が多いと思っております。特に（日産の）四三％の株を持っているルノーのトップが日産のトップを兼任するということは、一人に権限が集中しすぎてガバナンス上問題であります。これだけが原因ではありませんが、一つの誘因だと思っています」

「本事案で判明したゴーン主導の不正は、長年にわたるゴーン統治の負の側面だと言わざるを得ません。これは事実として認めなければいけないことだと思います」

「一方、この十九年間で日産が積み上げてきたことの中には、将来に向けた素晴らしい財産がたくさんある。もちろん（ゴーンの）ＣＥＯとしての個人の貢献はありましたが、これは個人に帰するというより、その期間に多くの従業員が努力して積み上げてきたことであり、あるいはその前の経営危機に至るまでの一九九〇年代の苦労の時代に従業員、その家族、取引先を含めた皆さんが大変苦労をしました。その苦労と努力の結果、二〇〇〇年以降のリカバリーがあったと思っております。その努力の結果、その結晶を本事案で無にしたくはない。無にすることはできない。守るべきは守って、育てていきたいと思っております。ここは是非、皆さんにもご理解いただきたいという気持ちでございます」

その後、記者たちからの質問に答えることになったのだが、次のような返答しかできないケースが多々あった。

「捜査が進んでいる状況では、その件について私から申し上げるべきではありませんので……」

「申し訳ありませんが、そこについても今は控えさせていただきます」

「その点はコメントする立場、状況にないと思っております」

私としては言ってしまいたい気持ちに駆られる質問もいくつかあったが、本当に捜査のからみで話せなかったのである。

ある記者の質問を聞いて、私は少々面食らった。その記者はこんなふうに言った。

「長期政権の弊害と言うが、どんな形でゴーンに権力が集中し、クーデターのような形に至ったのか」

私はこう答えた。

「今おっしゃった件ですね、権力の集中と結果的にこれがクーデターのような形で崩壊すると言われましたが、今回の件はやはり事実として見た場合には、内部調査の結果、不正が事実として見つけられたということで、そこを除去するのがポイントであります」

私はさらに続けた。

「権力が一人に集中し、それに対する勢力によるクーデターがあったという理解はしていませんし、そうは受け止めていただかない方がいいんじゃないかと思います」

「一人に権力が集中してもこういうことが起きるとは限りません。権力を持って公正にやっている方はたくさんいらっしゃいますから、それが原因とはいえないと思います。ただ、ガバナンス面からみると、やはりそれが一つの誘因だったことは間違いないと思います」

「なぜ、どういう形で権力が集中してきたのか。私も同じことを考えてみましたが、この長い間で徐々に形成されてきたという以上に言いようはないのですが、一つはやはりルノーと日産の両方のCEOを（ゴーンが）兼務していた時代も長かったので、この在り方は少し無理があったのかなとは思います」

これも当時の偽らざる実感だった。

それにしても、ゴーン逮捕直後の記者会見の時点で「クーデター」という言葉が出てきたのは、振り返ってみれば驚くほかない。その記者独自のジャーナリスティックな視点なのか、あるいは誰かの入れ知恵なのか……。いずれにしても、私は虚を突かれたまま答えたのだが、この場でもっと強く否定しておくべきだったかもしれない。

会見は延々と続き、午後十一時半近くにようやく終了した。シャッター音とフラッシュは最後まで途切れなかった。

もちろん、これはゴーン事件の終わりではなく、始まりにすぎなかった。

第二章　ゴーン事件とは何だったか

不正行為の実態

カルロス・ゴーンはどんな不正を犯したのか。いわゆる「ゴーン事件」の概要をまとめておきたい。

東京地検特捜部は二〇一八年十一月十九日、金融商品取引法違反（有価証券報告書の虚偽記載）の容疑でゴーンを逮捕した。二〇一五年三月期までの五年間の報酬を実際より約五十億円も少なく見せていたという疑いだ。この時点でゴーンは日産自動車の代表取締役会長、ルノーの取締役会長兼最高経営責任者（CEO）、三菱自動車の取締役会長を兼務していた。

特捜部は同日、同容疑に関与したとして、日産の代表取締役だったグレッグ・ケリーも逮捕している。

日産は同年十一月二十二日に臨時取締役会を開き、ゴーンの会長職と代表取締役の解任を全会一致で決議し、ケリーの代表取締役解任も同時に決めた。二人は代表権のない取締役になった。

当時の取締役会のメンバーを挙げておく。

カルロス・ゴーン代表取締役会長（後に解任）、西川廣人代表取締役社長兼CEO、グレッグ・ケリー代表取締役（後に解任）、坂本秀行取締役副社長、志賀俊之取締役（前CO

省出身)。

O)、ジャン＝バプティステ・ドゥザン社外取締役(ルノー出身)、ベルナール・レイ取締役(ルノー出身)、井原慶子社外取締役(レーサー、実業家)、豊田正和社外取締役(経済産業省出身)。

特捜部は同年十二月十日、金融商品取引法違反(有価証券報告書の虚偽記載)の罪でゴーンとケリーを起訴し、さらに直近の三年間も過少記載があったとの容疑で二人を再逮捕した。過少記載は八年間で約九十一億円に上った。

さらに特捜部は同年十二月二十一日、ゴーンを会社法違反(特別背任)の容疑で再逮捕する。ゴーンが個人的に所有する金融商品の損失を一時的に日産に付け替えたほか、信用保証に協力したサウジアラビアの実業家に日産の資金を送金した疑いだ。

ゴーンは二〇一九年三月六日にいったん保釈されたが、特捜部は四月四日、ゴーンが日産の資金をオマーンにも不正に支出していた疑いが強まったとして彼を再逮捕する。日産は四日後の四月八日に臨時株主総会を開き、ゴーン前会長とケリー前代表取締役を取締役から解任している。

結局、ゴーンは金商法違反と特別背任容疑で計四回逮捕され、すべての件で起訴されたのだった。

しかし、ゴーンは保釈中の二〇一九年十二月二十九日に日本から不法に出国し、中東のレバノンに逃亡する。私が本書を執筆している二〇二四年二月の時点で、ゴーンの公判は開かれていない。

そもそもゴーン事件は日産社内の内部通報に端を発し、外部法律事務所との連携による調査によって様々な不正が見つかったものであり、刑事事件に発展した事案のほかにも多くの不正が確認されている。

日産は二〇一九年九月九日、それらをまとめた結果を「元会長らによる不正行為に関する社内調査報告について」として公表した。

同報告はゴーンによる「取締役報酬開示義務違反」や「役員退職慰労金打ち切り支給額の不正操作」に加えて、次のような日産の資産の私的流用を指摘している。

まずゴーンは「将来性のある技術に投資する」との名目でオランダに投資会社「ジーア社」を設立させ、同社の資金約二千七百万ドルをブラジルやレバノンにあるゴーン個人の豪華邸宅の購入費用などに充てていた。

さらに二〇〇三年から十年以上にわたり、実体のないコンサルティング契約に基づいてゴーンの実姉に計七十五万ドル超の金銭を支払っていた。

このほかにも会社所有のコーポレートジェット機をゴーンの家族が私的に利用していたこと、業務上必要ないにもかかわらずレバノンの大学に二百万ドル超の寄付金を会社資金から支出していたことなども報告している。

傘下に収めた三菱自動車との合弁で設立した会社から二〇一八年四月以降、取締役会の決議を経ずに給与などの名目で七百八十万ユーロを受領していたことも不正と断定された。

ケリーについても海外関連会社を通じて受領した報酬の非開示などの開示義務違反があったと認定している。

同報告書で最も重要といえるのは次のくだりである。ここに引用しておきたい。

「有価証券報告書における開示を回避しつつゴーンが受領しようとしていた報酬は推定で総額二百億円以上に上り、しかもその一部はゴーンに支払い済みである。また、役員報酬の名目以外にゴーンが日産に現に不正に支出させ、あるいは支出させようとしていた金額は少なくとも合計百五十億円に上る。

以上のとおり、ゴーンらの一連の不正の規模は全体で約三百五十億円以上という極めて巨額のものとなる」

日産は二〇二〇年二月十二日、ゴーンの不正行為によって損害を与えられたとして、ゴーンに百億円の損害賠償を求めて横浜地裁に提訴した。

「冤罪である」というゴーンの主張に同調する専門家もいる。しかしながら、それは最初の逮捕、起訴事案である「金商法上の所得開示義務違反」に当たるか否かという点で議論が分かれているにすぎない。

当のゴーンが国外に逃亡してしまったため、金商法開示義務違反の共犯であるケリーの裁判だけが開かれ、そこから進展していないのが現状だ。

そのため所得開示義務違反に関する専門家の議論ばかり取り沙汰されてしまいがちだが、外部弁護士を含めた調査では、ほかにも経費の濫用など多くの不正行為が確認されている。ルノーにおける不正行為も含め、ゴーンの不正は議論の余地のない事実である。

水面下で行われた工作

日産のV字回復の立て役者であり、カリスマ経営者と称賛されたゴーンが不正を犯した動機はなんだったのか。誰しも疑問に思うだろう。もちろん本当の動機はゴーン自身の胸の内にあり、他人には分からない。一連の不正は個人の利益、利得が目的で、会社の成長のための行為とはいえないところで行われたものだ。ゴーン個人の事情、背景が分からなければ動機を推し量ることもできない。

彼自身の私生活に関しては、私は他の第一世代の経営幹部（ゴーンがルノーから送り込まれた当初の日産幹部）に比べて距離があると感じていた。つまりゴーンの私的な側面についてはほとんど知らず、残念ながら多くを語ることはできない。

しかし一つだけ心当たりがある。金商法違反に問われている所得開示義務違反についてだ。

ゴーンは高額報酬に対する日本の世論を非常に気にしていた。これは間違いのない事実である。日産社内でも特に私より年上の日本人幹部の多くは高額報酬に対して否定的で、この件について株主総会で毎年、何度も質問されることに対し、ゴーンは極めて神経質になっていた。

後にゴーンを上回る高額報酬も珍しくなくなり、それに引きずられるように日本人経営者の報酬も上がっていったことを考えれば、もしゴーンがこの点を気にして不正を犯したのだとすれば、ばかばかしい限りだと思う。

ところが一方、長年にわたる経費の私的流用、中東を舞台とした特別背任容疑の事案（端的にいえば横領である）、後に明らかになったルノー関連の不正など、高額報酬に対する否定的な世論を気にしていたという点だけでは全く説明のつかないことも多い。

それに想定も想像もできなかった日本からの逃亡劇を見ると、カルロス・ゴーンという人物は、私が接してきた「尊敬すべき優れたビジネスリーダー」としての顔とは違った、全く別の顔を持っていたのではないかと考えざるを得ない。

ゴーンの不正はなぜ長年発覚しなかったのか。私も含めた他の取締役はなぜ気づかなかったのか。数多くの外部の方々から日産のガバナンスに問題があったのではないかとの指摘を受けた。そうした疑問を持たれるのも当然だろう。当時の取締役会が経営者の監視という機能を十分に果たせなかったとの指摘も全くその通りだと思う。歴代の取締役と共に、私も大いに責任を感じている。

取締役会や経営会議で数々の提案や議論に接してきたが、そうした不正の気配は微塵も感じなかった。しかし実際には数々の不正がゴーン自身と彼の少数の側近の下、長年にわたって水面下で行われてきたのである。だからこそ発覚しなかった。私を含めて他の多くの役員や社員には全く分からなかったというのが嘘偽りのない事実である。

とはいえ、悪事はいつか暴かれる。後日明らかになったのだが、ゴーンに代わって二〇一七年四月に私が社長に就任すると、その年度中に経費などに関する内部通報があったようだ。それをきっかけに始まった監査役の調査で一連の不正が暴かれることになったのである。

社長就任から半年後の二〇一七年秋、日本の工場で慣習的に行われていた完成検査の不正問題が発覚した。この長年にわたる不正（ゴーン体制になるはるか以前からの不正だった）がなぜそれまで摘発されなかったのか、日産の役員、社員のすべてが反省することになった。

新社長の私はその反省の一環として、社内に向けて次のように伝えた。

「不審や疑問に思うことがあれば、ためらわずに通報してほしい」

そのメッセージがゴーンの不正に関する内部告発の引き金になったのかもしれない。

いくらゴーンや側近が巧妙に仕組んでも長くは隠し通せなかったと思う。

私に向けられた批判

「私が有罪ならば、サイカワも同罪である」

逮捕されて以来、ゴーンはマスコミなどを通じて何度もそう発言してきた。私は内部調査や検察の捜査結果を聞かされるまで、ゴーンやケリーが不正を働いていたことなど全く知らなかったし、彼らにしても私に対しては不正行為の気配すら見せず、言動のすべてが真っ当、合法的だった。言い換えれば、彼らが私に見せていた、あるいは私が知っていたことしかやっていなかったのであれば、何ら罪に問われることはなかったはずだ。

ゴーンが日産を退職する際の処遇についてケリーが作成した厚遇案についても同じことがいえる。ケリーが社長の私に相談してきた案は次のようなものだった。

「サイカワサン、将来、ゴーン会長が退任する際の慰労金は、欧米の企業並みに手厚くすべきだと思うんだけど」

ケリーが示したのは、あくまでも「将来に向けた検討案」であり、その「検討案」に関する「相談」の域を出ない話として、私に持ちかけてきたのである。私はそれに賛同したにすぎない。

ゴーンが最初に逮捕された翌年、月刊誌「文藝春秋」（二〇一九年七月号、同年六月十日発売）にゴーンの共犯として逮捕されたケリー（後日有罪判決を受けた）のインタビューが掲載された。

「グレッグ・ケリー前代表取締役独占告白　西川に日産社長の資格はない」

そんな刺激的な大見出しが表紙に躍っていた。その中で私の報酬（ＳＡＲ＝株価連動型の役員報酬）に関して不正を行っていたとの記述があり、社長の西川も不正か……と日産社内に動揺が走った。この件についても述べておきたい。

不正が発覚する前まで、私はケリーを法務と人事の専門家として信頼し、ＳＡＲの権利行使についても安心して彼に任せていた。あたかも私が不正を働いたかのようなケリーの指摘は全く身に覚えのない話であり、「文藝春秋」の記事を見て大変に驚いた。

しかし公に指摘された以上、第三者による調査を進め、一刻も早く内外に説明すべきだと私は考えた。

それですぐに外部弁護士による調査を依頼し、その後、監査委員会（二〇一九年の株主総会以降、監査役制度は廃止され、新たに監査委員会が設置された）や外部弁護士による徹底的な調査の結果、過去のＳＡＲの権利行使に関して、私を含めた複数の役員報酬について社内ルール違反に当たるケースがあったことが判明した。

しかし、これらのルール違反はケリーらによって行われたものであり、私は一切関与しておらず、他の役員も同様に関与していなかったことが確認された。

この点は前述した「元会長らによる不正行為に関する社内調査報告について」（日産が二〇一九年九月に公表）にも明記されているので次に引用しておこう。

「なお、ゴーン、ケリー以外の役員のＳＡＲ行使による支払いに不正な点があった点に関しては、これらの役員らは、いずれも、自己の報酬が不正な手法により増額されたことを認識しておらず、またケリーらに対してそのような指示ないし依頼をした事実もないから、不正行為に関与したとみる余地はない」

ところが取締役会で調査が正式に報告される前に、社内情報が部分的に外部に漏れ、西川の報酬に関して不正があったなどとマスコミに騒ぎ立てられ、社内外に混乱が広がってしまった。

最初に出た記事は、私の知る限り二〇一九年九月五日の朝日新聞朝刊一面に報じられた「日産社長ら報酬不正疑い　社内調査、取締役会に報告へ」だった。翌日、各紙が夕刊で追いかけた。

私が指示したわけではなく、認識もしていなかったとはいえ、私の報酬に関してケリーらの問題行為があったことは事実だ。

この件については九月九日に開く取締役会で、監査委員会から正式報告される予定だった。私としては社内向けの説明もこれを待ってからと思っていた。

ところが取締役会を翌日に控えた九月八日の夜、日本経済新聞が電子版で「日産・西川社長、退任の意向」と報じた。内部情報のリークだ。私にとっては全く寝耳に水の話だった。

翌朝、私の自宅前に報道陣が押し寄せた。

「後任の社長選びは指名委員会できちんとスタートさせている」

「やるべきことをやって、次世代に引き継ぐという意思は変わらない」

「(昨夜の報道については)どこから出た話なのか、全く解せない」

このような応答をしたように記憶している。

新聞各紙が夕刊で報道した。各紙それぞれ微妙にトーンは違ったが、取締役会のメンバーは当然ながら動揺していたに違いない。

その日の取締役会で私の去就が決議された。私は自分で想定していたタイミングよりも数ヵ月早く、二〇一九年九月十六日に社長とCEO職を辞任せざるを得なくなったのだった。

取締役会が終わった後、私は記者会見に臨み、次のように述べた。

「私が社長になって以降、完成検査の問題、ゴーン事件、業績不振……。残念ながら、過去の膿《うみ》が噴き出した時期でもありました。すべてを整理して次の世代にお渡しするつもりだったのですが、やりきれないままになったのは大変申し訳なく思っています」

「負の部分を全部取り去ることができず、道半ばでバトンタッチすることをお許しいただきたい」

残念ながら指名委員会による後継者指名の準備が間に合わず、三ヵ月ほど暫定期間、いわば経営の空白期間ができてしまった。ゴーン・ショックから立ち直ろうとする大切な時期に、社員諸氏にさらなる不安を抱かせてしまった。申し訳なく思っている。

今振り返ると、ここに至る前、二〇一九年六月末の株主総会の時点で私自身の報酬に関する外部弁護士による調査はほぼ終わっており（記事が出た後すぐに私から内部調査担当のムレイに依頼した）、私の関与はなかったことが確認されていた。総会でそうコメントしておけば、後々の情報リークでこの件が混乱を招くことはなかったのではないかとも思う。

実は私自身、弁護士に相談し、総会で述べるコメントを準備していた。しかし調査の過程で私以外の役員にもSARに関する同様のケースが見つかり、そちらの調査が終わっていなかったという事情もあった。そのため積極的な説明は後に回し、この件については「質問された場合にのみ説明する」という対応に変更した。結局、総会で本件に関する質問は出なかったため、対外的に説明する機会を逸してしまった。

「私、西川自身に関する調査は終わっていますが、他の役員の報酬でもルール違反の可能性が生じ、その件について現在調査中であります」

後の祭りではあるが、総会でせめてこのくらい発言しておけば、後々意図的な情報リークによる混乱などを招くことはなかったのではないかと残念に思っている。

以上がゴーン事件の概要だ。

現職の会長が逮捕されるという社内の誰もが経験したことのない、想定すらできなかった事態の中で、とにかく「やるべきことをやるだけだ」と腹を決めて臨むほかなかった。

私は二十年近くカルロス・ゴーンを上司として仕事に当たってきた。その中で経験し、学んだことは日本の将来にとって貴重な財産であり、彼の後を受けて社長になった自分の使命はゴーンの遺産を良い形で次世代に引き継ぐことだと信じていた。

ゴーンによる日産改革の本質は、伝統的な日本企業を内部から国際化した点にあり、多様性を強みとしていくゴーンのリーダーシップは多くの経営者の模範になるはずだった。

それだけに、彼の不正を知った時、さらに結果として私の手で彼を解任せざるを得なかった時は、信頼を裏切られたことに対する怒りと同時に、なんともいえないやるせなさ、むなしささえ感じた。不正に手を染めていなければ、ゴーンがあんな形でビジネスシーンから退場する必要はどこにもなかったのだ。

今でも複雑な思いが残っている。先にも述べたが、特にゴーンが逮捕された当初、私にとっては心外な見方が海外を中心に広がった。

「これは日産社内のクーデターである」

「サイカワの裏切りである」

そもそもゴーンの不正がなければ私が会長の解任に動く必要はなかったわけで、裏切りなど言語道断である。ゴーン事件は私も含めて関係する誰にとっても大きな悲劇だったといえる。

第三章

「非主流」のサラリーマン

祖父との因縁

私は日産自動車に四十年余り勤務し、カルロス・ゴーンの後任として社長を務め、二〇一九年秋に退任した。日産一筋、社長にまで登りつめた人というイメージを持たれがちだが、私は日産社内では決して主流でもエリートでもなかった。

私の先輩や同世代には、自分は社内の主流であり、エリートであり、将来の社長候補であると信じていた人はたくさんいた。一方、私は候補の末端にすらいなかったと思う。謙遜して述べているのではなく、実際そうだったのだ。

会社人生四十年の前半と後半を比べると、全く違う会社で働いたような感覚だった。それが正直なところだ。前半戦が終わる頃に日産は経営危機に陥り、実際にはもう破綻していたといえる状態にまで落ち込んだ。後半戦はゴーン改革とともに始まり、死の淵にいた日産は見事なV字回復を遂げた。

仮に後半戦も前半戦の延長だったとしたら、私は途中で辞めていたかもしれない。

日産の経営危機とゴーン体制下のV字回復、その後の経営改革などを語る前に、日産において西川はどんな存在であり、なにをしてきたのかをお伝えしておきたい。

なぜ日産を志望したのかと尋ねられることがある。それほど深い考えがあったわけではないが、私が大学に通っていた一九七〇年代前半、多くの学生が志望した銀行や商社にはあまり魅力を感じなかった。当時の私はこう考えた。

「これから産業構造が変化して、モノをつくっている産業が主役になっていくに違いない」

それで鉄鋼や自動車、総合電機で仕事をしたいという漠然とした希望を抱き、日産にたどり着いたのである。もちろん当時の若者たちが共有していた車へのあこがれは私も人並みに持っていたし、学生時代は中古のスカイラインであちこちを走り回ったものだが、単に車が好きだから自動車メーカーに入ったというわけでもない。

なぜ私が就職先に日産を選んだのか……。この話をするうえで、欠かせない昔話がある。少し回り道になるが、ここで父方の祖父、居村淳一のエピソードを紹介しておこう。

父が生前明かしてくれた話によれば、淳一は大正期に東京帝国大学（現在の東京大学）工学部の大学院を出て渡米した。

米自動車会社フォードでエンジニアとして修業を積み、数人の米国人技術者を連れて帰国した。やがて淳一は日本で始まりつつあったフォード車の組み立て事業を起こす。「芝浦自動車」という社名だったそうだが、定かではない。芝浦自動車は米国から部品を輸入し、日本で最終組み立てを行った。いわゆるノックダウン方式だ。

淳一が私の父方の祖母、西川チヨノと結婚したのはその頃だった。チヨノは新潟県柏崎市出身で、東京の青山学院（青山学院大学の前身）を卒業した。柏崎の実家は西川鉄工所（現社名は株式会社サイカワ）などを経営し、大正期には理化学研究所の設立にもかかわってい る。西川家は一人娘のチヨノに婿を取り、事業を継承させようと考えていたようだ。ところがチヨノは米国帰りの起業家居村淳一に魅かれ、実家と揉めた末に結婚したのだった。

しかしチヨノは私の父を出産する前後に離婚する。父は母の実家である西川家に引き取られた。その後、西川家と淳一との交渉はほとんど途絶えてしまったという。

伝え聞いているところでは、昭和初期の金融恐慌で芝浦自動車は破綻し、他社に吸収される形で消滅した。芝浦地区に工場があったようで、最終的にはなんらかの形で現在のヤナセに吸収されたらしいが、これも定かな話ではない。

チヨノは離婚後の淳一とは絶縁状態で、父は淳一の消息をほとんどつかめなかったという。

私は成人した後、実の祖父に当たる居村淳一についてできる範囲で調べてみた。どうやら四十を待たず早世したようで、晩年の生活も恵まれなかったと思われる。

父が一九八八年に他界してしまったため、祖父に関する詳しい情報は得られぬまま今に到っている。大正の好景気の中で育った祖母チヨノは青山学院時代、女性解放運動家平塚らいてうが率いる活動にも参加していた。淳一との結婚、離婚騒動は話題になり、当時の週刊誌をにぎわせたらしい。

私が育った西川家では、居村淳一という人物はどちらかと言えば悪者扱いされてきた。しかし私は、日本で工学博士を取り、その後フォードで経験を積み、当時のベンチャーともいえる自動車組み立て会社を興した実の祖父の生き方になんとなく興味があり、祖母から伝え聞いていた話より、父の友人で淳一の消息を知る人たちの話に心を引かれていた。

彼らによる居村淳一の人物評は、おおむね次のようなものだった。

「居村さんはとても人望があったね。能力もあった。早く亡くなってしまって、まったく残念だよ」

祖母チヨノは自分の息子、つまり私の父西川潔には居村淳一のような人生は送ってもらいたくないと考えていたようだ。結果として父は東京大学法学部を出て司法試験を受け、裁判官になった。淳一が活躍した実業界から全く離れた世界に進むことになったのである。ちなみに父は連合赤軍事件の公判の担当裁判長を務めていたこともあり、実家の前には長らく警備のポリスボックスがあった。

私は自分の進路に関して、父からあれこれ言われた記憶はないが、結果的に自動車業界に身を置くことになった。父の心の奥底に、居村淳一の影が潜んでいて、それが私に伝わったのかもしれない。しかも私は日産を退いた後、若いベンチャー起業家たちのアドバイザーのような仕事をしている。淳一はいわば百年前のベンチャー起業家だったわけで、何か不思議な縁を感じるのである。

とはいえ、私はすんなりと日産志望に落ち着いたわけではなく、実は最後まで東芝か日産で迷ったのだった。後年、この二社がともに産業構造の変化の荒波にもまれることになるとは想像もしなかった。

入社した一九七七年という年

そんな曲折を経て私が日産に入社したのは高度成長期とバブル期のはざまに当たる一九七七年。あの時代をリアルタイムで生きた世代にとっては自明の話かもしれないが、すでに半世紀近く前のことであり、新世代の読者のためにも簡単に流れを整理しておきたい。

日本の戦後復興期（一九五〇～五四年）から高度経済成長期（一九五五～七三年）にかけての流れを支えたのは、製造業に対する集中投資、規模と競争力の確保、それらを可能にする長期的かつ大規模な産業融資、安定した長期資金供給などで構成された仕組み、いわゆる戦後復興のプラットフォームであった。

これが功を奏して国内市場の拡大をベースに高度成長期が到来し、自動車業界も、国内のモータリゼーション（車社会化）の高揚、技術蓄積の時代を迎えたわけである。

自動車業界では、二度にわたるオイルショック（一九七三年十月～七四年八月、七八年二月～八二年四月）、米国におけるマスキー法（自動車などによる大気汚染の抑制を目的とした一九七〇年の大気清浄法改正法）の施行といった状況の下、小型で燃費の良い車への関心が高まり、日本車の評価が急上昇する。米ビッグスリー（三大自動車メーカー。ゼネラル・モーターズ〈GM〉、フォード、クライスラー）の弱体化も相まって、日本の自動車業界は一九七〇年代に北米輸出を増大させて急成長を遂げるのである。

自動車業界だけでなく、日本の製造業全般が輸出を基軸として急激に成長し、高品質で安価な「メイド・イン・ジャパン」への評価が定着した。

同時に組織面でも急拡大の時代を迎えていた。

右肩上がりの成長が続く中では、品質の良い製品を効率的に生産し、欧米に輸出すればばい。組織や人材の面でも、それぞれの部門別の運営が会社の基盤となって急成長した時代だった。結果として、開発や生産、国内販売、輸出など、それぞれの部門の中だけで業務システムが構築され、従業員の業務経験やキャリアもそこで蓄積されていくようになっていった。つまり製造業の会社に入れば、あの人は開発畑の人、この人は国内販売一筋といったキャリアの積み方が普通になったわけだ。

多くの大規模製造業にとって「国際化」とは、輸出によるマーケットの拡大を意味した。日本人の海外駐在員の下、現地社員による現地販売会社が構成され、販売拡大の川下の業務を担った。中小規模の製造業も大手製造業の下でケイレツ（系列）として、あるいは大手商社を経由した輸出によって、同様の成長段階を迎えるのである。

私が日産に入社した一九七七年は、おおざっぱにまとめれば以上のような時代だった。

入社式に「塩路会長が来られる」

入社当時を振り返ると、加山雄三さんが主演した東宝の人気映画「若大将」シリーズの第十三作『フレッシュマン若大将』を思い出す。加山さん演じる若大将こと田沼雄一が日東自動車の新入社員として活躍する話だ。日東自動車のモデルは日産自動車で、実際に日産が様々な形で撮影に協力している。東銀座にあった懐かしい旧本社ビルも登場する。このビルは一九六八年の完成だから、スクリーンに映し出される外観や内観はどこもピカピカだ。

若大将は入社式を終えると、工場で現場実習の日々を送る。この映画の八年後にフレッシュマンになった私も同じ経験をすることになった。

若大将と同じように東銀座の本社ビルで入社式に臨んだ。記憶は多少曖昧なのだが、式が始まる前に人事部から全員に対して「塩路会長が来られる。失礼のないように」と注意があったように思う。当時、自動車労連の会長として日産の経営に強い影響力を持つとされた塩路一郎氏だ。「会社はやけに組合に気を使っているな」と感じたことだけは印象に残っている。

田沼雄一の実習地、つまり若大将映画のロケ地は神奈川県横須賀市にある日産追浜工場だが、私の実習地は東京都武蔵村山市にあった日産村山工場だった。ゴーン体制になった一九九九年、日産リバイバルプランの一つとして閉鎖が決まった工場だ。

村山工場は一九六二年にプリンス自動車工業の主力工場として操業を始め、グロリアやスカイラインを生産していた。一周四キロ余りのテストコースを備えた巨大工場で、日産が一九六六年にプリンスを吸収合併した後は、日産の生産拠点になった。グロリアとスカイラインはプリンスから日産へとそのまま受け継がれ、私が実習に訪れた時の村山工場はスカイラインとローレルの組み立てが中心になっていた。

東京ドーム三十個分に当たる百四十万平方メートルの敷地を持つ村山工場は武蔵村山市の中心に位置し、工場正門前の通りは「日産通り」の愛称で呼ばれ、飲食店がずらりと立ち並んでいた。近くには村山工場の労働者を受け入れるために東京都内最大の都営団地「村山団地」も建設された。典型的な「企業城下町」である。

私は一九七七年四月から二ヵ月間、少し離れた国鉄立川駅から毎日すし詰めのバスに揺られて村山工場に通った。配属先はスカイラインの車両組み立てライン。ドア内部に様々な部品を組み付ける工程を担当した。ラインに流れてくるのは通称「ケンメリ」、一九七二〜七七年に発売された四代目スカイライン（C110型）だ。ケンとメリーという若い男女がスカイラインに乗って日本各地を旅するCMが人気を呼び、この愛称がついた。私も学生時代から中古のスカイライン（通称ハコスカ）に乗っていたから、親しみのある車だった。

私は作業者として昼夜二交代勤務で組み立てラインに入ったのだが、とにかく非常にきつい仕事だった。そういえば若大将の同期役の小鹿番さんが一日の工場実習を終えた後、疲れてものも言えないと言ってベッドでぐったりしているシーンがあった。私も工場に通うのが精いっぱいで、他になにもできないという状態だった。若大将の映画はフィクションとはいえ、現実をリアルに描いていると思うが、村山工場の現場はあんなに明るい雰囲気ではなかった。前述した通り、村山工場はもともとプリンス自動車の工場だった。「係長」や「組長」と呼ばれる現場の監督者はほぼ全員が元プリンスの従業員で、新入社員の私にとっては、日産自動車に入社したというより、少々タイムスリップしてプリンスの中核工場に配属されたという感覚だった。

かつてプリンスが生んだ名車スカイラインは、国内最高峰の自動車レース「日本グランプリ」でも活躍した。第二回日本グランプリ（一九六四年、鈴鹿サーキット）では式場壮吉の乗るポルシェカレラに生沢徹のスカイラインＧＴが挑み、最後は敗れたものの一度はポルシェの前に出る場面もあって話題を呼んだ。続く第三回日本グランプリ（一九六六年、富士スピードウェイ）はプリンスＲ３８０がポルシェを破って優勝している。第二回日本グランプリ当時、私はまだ小学生だったが、生沢スカイラインＧＴの印象は強烈で、テレビ中継にくぎ付けになったのを覚えている。

プリンス自動車育ちの従業員は、日産に吸収合併されてからしばらくの間は「おれたちは、あのスカイラインを生んだプリンス出身だ」というプライドを守っていただろう。そのプライドは元プリンス開発陣が残った日産荻窪工場（現在の杉並区立桃井原っぱ公園一帯）の設計部でも保たれていたはずだ。

村山工場跡地の一角に整備された「プリンスの丘公園」に「スカイラインＧＴ－Ｒ発祥の地」の碑が立っている。プリンスの誇りの象徴といえるだろう。しかし彼らの誇りは、図体の大きな日産自動車の中にだんだん飲み込まれていったのかもしれない。私が入社した一九七七年は合併から十一年後に当たるわけだが、残念ながら少年時代に加山雄三さんや生沢徹さんから感じた華やかさはすでになく、その頃には大手に吸収された側の暗さが工場の全体に漂っているように感じたのである。

実際、組み立てラインの現場はほとんど会話もなく、身体的にも精神的にも苦しかったのだが、私が配属されたラインの組長（今は「工長」と呼ぶ）は温和で話しやすい人だった。組長は高級オーディオで有名だった山水電気からの転職組で、

「山水では検査の仕事をやっていたんだよ」

と話してくれた。オーディオ機器の検査工程の技師であれば、自動車の組み立てラインの監督者より面白い仕事だったのではないか……と思った記憶がある。

短い期間ではあったが、工場の現場にいる人たちがどれほど大変な作業をしているのか、肌で感じ取ることができた。

購買部門に配属されて

その間に一九七七年六月からの配属先が決まった。当時の花形といえば輸出部門であり、ほとんどの新入社員が希望していた。ご多分に漏れず、私も輸出希望だったが、特に英語が得意なわけでもなく、輸出は希望者が多すぎるという理由で、購買部門に配属されたのだった。駆け出しの頃は車の部品のコストを一円でも安くするという仕事の一端にかかわった。銀座にあった日産の本社より、部品のサプライヤー（ギアやシート、タイヤ、ガラスなどの部品を製造し、納入する会社）の現場や工場にいる時間の方がずっと長かった。

当時は単に価格引き下げを要求するだけでなく、VA（バリュー・アナリシス）やVE（バリュー・エンジニアリング）といった言葉がモノづくり業界で新たな流れになっており、私の所属部署も日常業務としてその一端を担っていた。

VAは経営管理の用語で「価値分析」の意。企業が購買品を機能と価格の面から調査・分析し、コストダウンや新製品開発に役立てようとすることだ。VEは「価値工学」。コストや機能に関する諸要因を分析し、消費者の要求する機能を備えた製品を最小のコストで提供する組織的技法をそう呼んだ。

とはいえ、経理や生産などの部署に配属された他の同期は曲がりなりにも会社組織の一端を担っているように見えるのに、購買部門の私はサプライヤーの現場や工場を訪ね歩く毎日である。この仕事が日産という会社の中でどのくらい重要なのか十分に分かってはいなかった。購買部門にいた駆け出しの頃の私の業務を分かりやすく表現すれば、部品作りのプロ中のプロたちを相手に、さらなるコストダウンが可能かどうか聞いて回る仕事だった。

東京都大田区から川崎市にかけての京浜工業地帯、ちょうど私鉄の京浜急行沿いに当たる地域には、日産など大手企業から直接仕事を受注して大きくなった会社や、そのまた下請けになった工場が立ち並んでいた。京浜工業地帯で成長した企業の中には、神奈川県の内陸部の厚木市近辺や埼玉、群馬、茨城など北関東の新しい工業団地に最新鋭の工場を持つところも多かった。

私はそれらのサプライヤーを訪ねて回るのである。遠くても群馬や埼玉だから泊まりがけはあまりなく、来る日も来る日も日帰り出張の連続だった。一人で出かけることも少なくなかったが、上司や技術系の部署の社員と一緒に行くケースの方が多かった。

訪問先の企業や工場は、大半の仕事を日産に依存している。上司の姿を見ていると、日産の人間は威張るのが当たり前で、サプライヤーの人たちは日産の社員がどんな若造でも下にも置かない応対ぶりだった。そんな応対を受けながら「なにか購入価格を引き下げられるネタはないか」と探すのである。

日産の社員がサプライヤーを訪問すると、まず工場の中を案内される。一緒に現場を見て回りながら、部品を作る工程や作業時間、材料などについて説明を受けるのだ。

ひと通り見て回った後は会議室に通される。今度は日産側が工場を見た所感を述べる番だ。その中で「さらなる改善が必要」あるいは「改善が可能」と思われる点を日産側からの「ご指摘事項」として相手に伝える。

訪問はこうした段取りで進んだ。だから訪問する側の日産が書類を作成することはほとんどなく、工場を見てその場で改善できそうな点を指摘するというのが日常だった。

当初、私はエンジンに使われる様々な部品を担当していたが、その後は車体部品（プレスと呼ばれる鉄の板を圧造して成形するサプライヤー群）の担当として群馬や神奈川、静岡などのプレス工場を回る日が多かった。

工場を訪問して現場を見せてもらった後は、決まった「儀式」のようなものがあった。自分の倍かそれ以上の年配の工場長や幹部たちが集まってきて、

「いやあ、お疲れさまでございました。いかがでしたでしょうか。ご指摘事項がございましたら……」

と口々に言うのである。大学を出て間もないシロウト同然の新入社員がプロの現場を一度目にしただけで、コストダウンにつながる「ご指摘事項」など思いつくはずもない。

シロウト同然と自覚していた私は、

「指摘は特にありませんが、質問はあります」

などと言って話を変え、対等な懇談の雰囲気に持ち込もうと努めた。それがうまく行くこともあったが、上司や先輩が一緒の場合は、

「おい、指摘事項がなにもないとはどういうことだ。○○君は最初の訪問で十点も指摘事項を述べたぞ。西川君、君はもっと勉強しないとな」

などと嫌み半分で言われたものだった。

そもそも駆け出し社員が部品作りのプロの前で「ご指摘事項」を次々と挙げられるはずもない。私の上司や先輩の「ご指摘事項」を横で拝聴していても「なるほど」と思えることは少なかった。むしろ上司や先輩のやり方は「まだまだコスト低減の余地がある」ということを暗ににおわせ、その後の価格交渉の材料にする……という色彩が強かった。

そんな中で、尊敬できる先輩もいた。日産の設計部門のベテラン社員で、必ず事前に自身の目で部品の図面などを精査してから出かけていた。訪問先では、

「この部品のこの形、この設計が製造を難しくしていませんか。それを避ける方法がいくつかあると思いますが、どの方法がいちばん楽に安くできますか」

などと具体的かつ的確な質問をして、サプライヤーの人たちから抜群の信頼を得ていた。

私もその方のスタイルをまねることにした。まず自分でデータを整理してまとめたものをサプライヤーに見せ、その後で現場を見せてもらい、議論と検討を進めるのだ。そんな努力を重ねていたら、

「日産さんの購買の方とは長く付き合ってきましたが、あらかじめ資料を作ってきていただいたのは西川さん、あなたが初めてですよ」

と言われたこともある。半分以上は社交辞令だったはずだが、少しは本音も含まれていたように感じた。前述した通り、私は日産の中では決してエリートではなく、特に目立つ存在でもなかったが、もし多少なりとも他の社員と異なる印象を与えた点があるとすれば、自ら得意げに「ご指摘事項」などは口にしなかったことぐらいだろう。

いずれにしても、それくらい常に一方通行で、全く対等ではない関係で成り立っていた仕事であり、この構造の中で作られたものが自動車の原価の五〇%ほどを占めていたのだ。

これは日本国内だから通用した慣習といえるだろう。もちろん、生産台数が飛躍的に増加した一九六〇~七〇年代の自動車会社にとっては生産能力の確保が最重要課題であり、部品のサプライヤーもその系列に入って成長を続けたわけで、この一方通行の関係と商習慣もそうした経緯から生まれたものだ。その時代には効率的に機能した関係、あるいは産業構造だったのだろうが、その構造の中で働く人間のあいだにも身分制社会の「主従関係」のようなものが感じられ、そのようなあり方に染まることには非常に抵抗感があった。

後に車の組み立てを現地化する際に部品も現地で調達する必要が出てきたが、欧米の部品メーカーには日本的なピラミッド型の関係など受け入れられるはずもなかった。そうなると日本のサプライヤーに単独で欧米に進出してもらうか、現地資本との合弁などの形で進出してもらうしか手立てはなく、結局のところ現地生産のコストは高くなってしまったのだった。

「ケイレツ」の重さ

ある日の昼下がり、私は工場回りの移動の途中で神奈川県藤沢市の駅前の喫茶店に立ち寄ってランチを食べていた。

前の席にいる年配の女性二人の話が耳に入った。

「Aさんちのお兄ちゃん、日産に勤めているんだって。すごいと思わない？」

「あのお兄ちゃん、就職したの。日産？　あら、良かったわね。どこまで通っているの？」

「寒川にある大きな工場らしいわよ」

神奈川県寒川町は湘南から少し内陸に入った地域で、いち早く企業誘致が進み、大小多くの工場が立ち並んでいたが、日産の工場はなかった。「おかしいな」と思って聞き耳を立てていると、どうやら寒川で日産向けに車の内装品を作っていたK工業のことらしいと分かった。地元の人々にとっては、日産向けの部品工場も日産そのものと受け止められているのか……、と少し驚いたのを覚えている。系列的な構造は社会の中でも「一心同体」と認識され、一九六〇年代後半以降の急成長の中で、系列のサプライヤーも地元では大企業とみられる存在になっていることを改めて実感したのだった。

日産もサプライヤーも地域から認められる存在になってよかったと思うべきかもしれないが、私の受け止め方は少々違っていた。こうした地域からの見られ方、地域の期待をさらに増幅させていって、将来大丈夫だろうか……。

「重いな」

そう感じたというのが正直なところだ。

当時、日産向けの部品のサプライヤー群は二つに分けられていた。

一つは日産と資本関係があり、日産依存の大きい「宝会」と呼ばれるグループ。もう一つは、資本関係がなく、独立した大手のサプライヤーで、日産だけでなく広く自動車業界に部品を供給している「晶宝会」と呼ばれる会社群で、タイヤやガラス、ベアリングなどの大手企業がメンバーになっていた。

私が担当したのは「宝会」の会社が中心だった。一九六〇年代後半から七〇年代にかけて成長し、当時の東証二部に上場した会社が多く、先述した女性たちの会話に出てきた「K工業」もその一社だったと記憶している。まさに日本のモノづくりの現場、ケイレツ（系列）といわれた自動車メーカーを頂点としたピラミッド型の企業間関係が機能していた時代であり、その中にどっぷりつかった日々だった。

オイルショック以降の為替変動や原材料費高騰に対応するため、生産の効率化と原価低減をさらに進める……。それが少なくとも私のいた職場では最重要課題になっていた。

当時、オイルショックで停滞した輸出が北米を中心にまた伸び始めていた。日本で製造し、北米に輸出する。この基本的な構造は変わらず、成長の原動力の花形は依然として輸出部門だった。その数年後には日米貿易摩擦が激化し、自動車業界も輸出型から海外現地生産型に事業構造の大きな変換を求められる時代に入る。

その後、日産も私のキャリアも時代の渦に巻き込まれていったわけだが、日常の仕事や職場の会話などからはその予兆は感じなかった。

一九八〇年代から九〇年代にかけて、米国との貿易摩擦、プラザ合意（一九八五年九月、先進五ヵ国蔵相・中央銀行総裁が米国の極端なドル高を是正するため協調介入を実施することで合意）以降の円高といった事業環境の変化によって、自動車産業は輸出の抑制、現地生産型へのシフトを強く求められる時代に入った。

日本の自動車各社はこぞって大規模な海外生産投資、海外生産への移行を始めていた。とりわけ日産は各社に先駆けて海外への大規模投資を行い、国内で生産して輸出するという形から、海外で現地生産して販売するという形に急ピッチでシフトしていた。その結果、現地生産を含めた海外事業の成果が日産の収益に大きく影響するようになった。

ところが、事業そのものは依然として旧型、つまり「国内で生産して輸出する」という時代にでき上がった土台、仕組み、経験によって運営されていた。他社に先駆けて海外生産にシフトするのなら、それに対応した運営方法を身につけるべきだった。社内の議論や模索はある程度あったと思うが、結果として、新事業をうまくコントロールできないまま海外事業の規模ばかりが大きくなり、大幅な収益悪化を招いたのである。

海外投資を急速に推し進めた当時の石原俊社長（社長在任一九七七～八五年）以下の経営トップを批判的に見る向きが多いが、事業の進むべき方向としてはむしろ慧眼といえる革新的な動きだったと私は考えている。ただし残念ながら、当時の経営幹部には時代先取り型の事業モデルを的確に運営する能力と経験が欠けていたと言わざるを得ない。

その後のバブル経済の中で「シーマ現象」（日産が一九八八年に発売した高級車「シーマ」が大ヒットした）などと持てはやされ、海外生産をベースにした事業運営や収益管理の改善が生命線であるという危機感、切迫感を欠いてしまったことも大きかったと思う。

それが後年、ツケとなって大きな収益悪化を招いたのだった。

自動車業界では他社も同じように構造転換を求められる状況にあり、各社とも同じような難しさを抱えていたと思うが、トヨタの「トヨタ生産方式（ＴＰＳ）」など、それぞれ独自のスタイルを海外でも徹底させながら、この重要な転換期を乗り越えていった。

ところが皮肉にも他社に先駆けて海外生産にシフトした日産は乗り越えられなくなっていくのである。

第四章　海外へ

英語で仕事をするということ

一方、私自身はどうしていたかといえば、相変わらず部品メーカーを回る毎日が続いていた。入社三年目ともなると、少しは現場の見方も変わり、サプライヤーからも、社内からも特定の場面では当てにされ、自分の存在意義も少しは見えてくる時期だった。ところが自動車会社の「購買」がどんな仕事をしているのか、自動車業界以外の人に説明するのは簡単ではない。工場や人事、経理など、説明しやすい仕事をしている同期や友人たちに比べると、三年たっても要領よく説明できない状態で、入社二年目に結婚した妻の弘子さえよく分かっていなかったに違いない。

そんな中で、妻の発した言葉が私のキャリアを大きく変える契機となった。

「そんなに暇なら、少し英語の勉強でもしたら」

彼女はそう言ったのである。

妻は私と同じ時期に大学を卒業し、子供ができるまでは会社勤めをしていた。「海外部」という部署で輸出業務を担当していた彼女にしてみれば、各地の工場めぐりに明け暮れる私を見て「いったい、なんの仕事をしているの？」と思っただろうし、将来のために少しは勉強したら……というつもりで言ってくれた言葉だったと思う。

後に妻が振り返るところによれば、その場で私は「うるさいな」といった感じの反応をしたらしい。妻が発した「そんなに暇なら」という言葉は半ば図星で、確かに残業もなく、暇がないわけではなかった。それで当時、はやり始めていた社内の「英語研修講座」を受講することにした。他の受講者は仕事が忙しいこともあって欠席がちだったのに対し、私は暇だからサボらずに出席して、修了テストの成績も良かったらしい。それがきっかけかどうか定かではないが、折しも社内で留学生を募集していて、それまで英語とは無縁だった購買部門にも候補者を出せとお達しがあったようで、いきなり課長に呼ばれた。

「西川君、留学制度に応募してみたらどうだ」

輸出部門の同期の中には、留学生に選ばれるのを目標にしている連中がたくさんいた。自分に人事考課上の箔をつけ、会社の中の出世レースを有利に運ぶため、あるいはＭＢＡ（経営学修士）の肩書を持って外資系の会社に転職を図る連中もいた。私には、

「あの連中と一緒になりたくはない」

という気持ちがある一方で、広い世界で自分を試してみたい、という気持ちもあった。

当時、私は結婚して子供もいたので、打診してくれた課長への返事は、

「留学は単身が原則と聞いていますが、妻子を連れていってもいいでしょうか？」

と、そんな感じだったと思う。

社内選抜に受かり、米国留学が決まった。

今にして思えば、この時がキャリアの大きな転機だった。しかし当時はそんな意識は全くなく、広い世界を見るのもいいなといった軽い気持ちにすぎなかったのだが、いずれにせよ、妻の「そんなに暇なら」の一言が大きかったのは確かだった。

私の場合、このような経緯で比較的若いうちから英語で仕事をすることへの抵抗感はなくなっていたが、後のゴーン改革の中ではそれまで「英語は苦手」と敬遠していた中堅や年配の社員も必要に迫られて英語で仕事をせざるを得ない状況に追い込まれた。全く話せなかったのに多国籍チームのリーダーに成長した例も少なくなかった。

どうすれば英語が話せるようになるのかと問われることもある。私の経験からいえば、仕事のうえで必要な質問や説明をすべて英語でこなせれば後はなんとかなるものだ。日本語で物事を順序だてて説明できる力が基本で、あとは中学生の間に学んだ基礎的な英語さえしっかり身についていればいい。必ずしも流暢に話せる必要はない。その基本を繰り返しながら英語で話すことそのものに慣れていけば、自然とリスニング力も伴ってくる。

そもそも国際的なビジネスの場ではＥＳＬ（イングリッシュ・アズ・ア・セカンド・ランゲウェッジ、第二言語としての英語）が公用語であり、米国人や英国人のように話す必要は全くない。英語を母国語とする人でもオーストラリアやインドなど、国によって発音やイントネーションも様々だ。ましてやＥＳＬとなると、フランス訛りの英語、ドイツ訛りの英語など千差万別で、日本訛りの英語であっても堂々と話せばいいのである。社会人になってから習得した私の英語でも十分に相手との信頼関係を築くことができたと思っている。

「ジャップ、ゴー・ホーム」

さて、そんなわけで入社三年目の一九七九年、会社の指名を受けて米国のイリノイ大学に留学し、同時に当時新設された日産グループの商社「日産トレーディング」に出向することになった。ちょうど社命留学が流行した時代だった。特に日産は当時の石原社長の肝いりで、英語のできる言葉の専門家が海外で活躍する時代は終わるという判断の下、これからは事業運営、モノづくりのバックグラウンドのある人材を国際的な分野に登用していこうという狙いもあったようだ。

留学後は激化する日米貿易摩擦（当時、日本は安価な製品を輸出してもうけ過ぎだから輸出を減らし、米国製品を輸入せよ、と米国から強い圧力を受けていた）の下、輸出の自主規制、バイ・アメリカン（米国製の部品や材料を積極的に輸入すること）などを課される中で米国駐在員として働き、帰国後は米国工場の現地化比率を上げるプロジェクトなどを担当する。まさに構造変革を求められる仕事に多くの時間を割くことになったのだった。

もともと英語が特別に得意というわけでもなかった私にとっては想定もしていなかった方向に進んだわけだが、産業構造が旧来の輸出型から現地生産型へと変化、進化していく真っただ中の仕事であり、公私ともに多くのことを学んだ時代だったと思う。

ここで私の米国時代を簡単に振り返っておこう。

まずイリノイ大学に留学したわけだが、私は社命留学では認められていなかった家族同伴の留学を選んだ。長女はまだ二歳半で、在米中に妻のお腹には次女ができた。単身留学を前提とした給料で、家族の分も含めたすべての生活費を賄わねばならず、とにかくお金がなかった。他の企業からの留学生は単身者（独身、または家族を日本に残した）が多かったが、家族持ちで一緒に行く場合は家族の生活費まで持ってくれているケースが多かった。ただし米国の地方都市にある州立大学では家庭持ちの学生が家族を養いながら勉強するのはごく当たり前のことで、私たち夫婦も同じ境遇の人たちから生活の知恵を授けてもらい、結果として貧しいながらもとても楽しい生活になった。

ビジネススクールの勉強も役に立ったが、米国人のコミュニティーに受け入れられ、様々なことを学べたのが、何より貴重な経験になった。アメリカという国の懐の深さを改めて実感した日々であり、米国社会に対するあこがれがリスペクトに変わるきっかけにもなった。

留学を終えた後はいったん帰国し、改めて駐在員としてミシガン州デトロイトに赴任することになった。今でこそデトロイト郊外に日産の大きな開発拠点があるが、まだ自動車生産の現地化は夜明けを迎えたばかりで、私は自動車の部品や資材の輸出入を担当する日産トレーディングの小さな事務所で働いていた。

当時は日米貿易摩擦がピークに達し、日本製のラジカセや自動車が壊されるという象徴的な事件が頻発していた。私がGMなど米ビッグスリーの工場や米大手部品メーカーの工場を訪れると罵声を浴びせられることもあった。

「ジャップ、ゴー・ホーム」

日本野郎、とっとと国に帰りやがれ。いわゆる差別語である。日本の自動車が売れすぎるせいで、自分たちの会社や自分の職が危うくなっている。そんな腹立たしい思いを若い日本人にぶつけたのだろう。

ちょうどその頃、三人目の子供を授かった。米国の病院で出産するのは妻も大変だったはずだが、医師も看護師もとても親切な方ばかりで、順調に出産の日を迎えた。

マイナス一〇度前後の極寒の日が続く真冬のミシガン。夜明け前に陣痛が始まり、あわただしく支度をして、妻を病院へ連れていった。妻はすぐに入院した。

その頃から米国では夫が出産に立ち会うのは当たり前で、私もそのまま明け方から付き添っていたのだが、あいにくその日は日本の自動車各社が協力してきた「米国製自動車部品の対日輸出を増やすために」というお題の大規模なセミナーと重なり、私も事務方の主要メンバーの一人として出席する予定になっていた。しきりに時計を気にする私を見て、コーンメッサーというベテランの担当医師が強い口調で言った。

「ミスター・サイカワ、大切な奥さんが出産という人生の一大事に直面しているんだ。たかがビジネスの予定ぐらいで、さっきから時計ばかり見てそわそわして。しかも病院を抜け出してセミナーに出かけようなんて、いったいあんたはなにを考えているんだ」

お陰さまで妻は午前十一時頃、無事に出産したのだが、結局セミナーの午前の部は欠席せざるを得なかった。私はその医師と看護師に頼み込み、午後の部だけでも出席すべく会場に滑り込んだ。日本側の関係者の冷ややかな視線を感じながら会場に入ると、米国側の進行役の女性が突然アナウンスを始めた。

「皆さん、今日このセミナーの日に、とてもハッピーな出来事がありました。ミスター・サイカワに三人目のベビーが誕生しました。さあ、お集まりの皆さんで祝福いたしましょう」

すぐに全員が立ち上がり、私に向かって笑顔で拍手を送ってくれた。会場は一転して温かい空気で満たされた。

あの瞬間は今でも鮮明に覚えている。

そのセミナーはオハイオ州選出のキャプター下院議員（民主党）とミシガン州選出のレヴィン下院議員（同）の主催だった。二人とも日本の自動車メーカーを「対日貿易赤字の元凶」と名指しし、極めて厳しい意見を持っていた。私を紹介してくれた女性もその議員側のスタッフだったと思う。にもかかわらず、妻の出産に言及して「皆さんで祝福しましょう」と粋な計らいをしてくれたのである。しかもわざとらしさは微塵もなく、ごく自然なアナウンスだった。対立ムードが基調となっていたセミナーにおける、ささやかな出来事ではあるが、私には生涯忘れられない時間になった。

帰国前、裁判官を退任した父が母を伴ってデトロイトまで訪ねてきたことがある。三人目の子供が生まれたばかりで、私の仕事も忙しく、ゆっくりと話をした記憶はないのだが、本書の執筆のため父の遺品を探していたところ、父の友人たちがまとめた遺歌集が出てきた。

父は戦時中の旧制一高時代から親しい仲間と一緒に短歌を詠み、文化勲章を受けた大歌人、土屋文明（一八九〇〜一九九〇）を師と仰いだと聞いている。歌集の最後のほうにデトロイトという言葉が出てくる歌を見つけた。

「デトロイトにて出生したるわが孫のありさま見むと空かけりゆく」

デトロイトの我が家を訪れたのが、父にとって最後の訪米となった。つまり亡くなる三年前に作った歌だろう。デトロイトは父の父、居村淳一が若き日を過ごした街だ。自分の息子がそのデトロイトに赴任し、そこで三人目の孫が生まれたという因縁に、父は父なりに感慨を覚え、こんな歌を詠んだのではないか……。今振り返ると、そう思える。

バブル景気に浮かれる日本に戻って

帰国したのは一九八〇年代後半、バブル景気が始まっていた頃だ。輸出を柱とする時代が終わり、日産だけでなく、日本を支えてきた製造業全体が海外市場における事業の現地化と、それに伴う構造変革を迫られていた。

ところが日産は切迫感や緊張感を全く欠いていた。私は強い違和感を覚えた。

それどころか、米国内の製造業が「メイド・イン・ジャパン」、さらには「メイド・イン・コリア」の拡大に押されて苦境に陥るのを尻目に、日本はバブル景気に浮かれていたこともあって、将来を楽観視しすぎていた。

明らかに過信だった。

特に日産はバブル期に高級車「シーマ」をはじめ、日本市場でヒットが出たため、海外生産の収益性を心配するより、いかに多くの車を製造するかを最優先の課題にしていた。造れば造るほど売れて、しかもシーマのような高級車までヒットしてしまうのだ。まるで高度成長期の古き良き時代に戻ったような景気のいいムードが社内に満ちあふれていた。

「おい、ちゃんと一升瓶を持っていったか」

「今の若い連中はそういうことを経験していないからなあ」

仕入れ先の部品メーカーの工場を訪問する際、高度成長の絶頂期を知る幹部が若手社員にそんな声をかけていたのを思い出す。部品メーカーには工場をフル回転させ、できる限り多くの部品を供給してもらわなくてはならない。当然、夜勤や残業を強いることになるから、それなりの頼み方があるはずだ。若い連中はそのあたりをもっと勉強せよ、という意味だ。

しかしながら、景気がいいに越したことはないが、これは少し浮かれすぎだった。当時、たまたま書店で『日本産業　偶然の繁栄』（中村秀一郎著、東経選書）という本を見つけ、思わず買ってしまったことを覚えている。著者は日本の中小企業研究の第一人者。日本産業の繁栄は偶然の産物にすぎず、実は多くの弱点を抱えている……とする警世の書だった。私はまさにこの本のような感覚が必要なのではないか、と日産の現状に強い懸念を抱いた。

日経平均株価は一九八九年末に最高値を付けた後、一九九〇年一月から暴落に転じた。湾岸戦争や原油価格の急騰、公定歩合の引き上げなどと相まって、バブルが崩壊する。崩壊後は景気後退やアジア金融危機などが相次いで「空白の十年」と呼ばれる時代を迎え、現在にまで続く様々な問題が噴出していった。

日産自動車も一九九〇年代後半に経営危機に陥ったのだが、その前段階があった。一九九〇年代前半には海外生産をさらに拡大したのである。日産の世界生産台数は一九九〇年時点では三百万台を少し超える程度だったが、その後、二つの大きな変化を経験することになった。

バブル崩壊後、国内販売が激減した。まずそれが一つ。

もう一つの変化は、従来は日本から輸出していた分を海外生産に置き換えたことだ。しかも急激に。

結果として、それまで収益源として日産を支えていた輸出と国内向けの高級車の販売が激減し、その代わり海外生産が急増した。

日本からの輸出を海外生産に置き換えた結果、海外販売全体に占める海外生産の比率は一九九〇年代初期には約三分の一だったが、二〇〇〇年には三分の二まで増加した。

つまり海外生産の成否が会社全体の業績を大きく左右する規模にまで膨らんだわけである。ところが前述したように、海外生産を管理する体制は全社的に充分には整っておらず、相変わらず輸出型産業としての管理を続けていたのだった。

秘書課に勤務

一九九〇年代前半、私は現場を離れ、辻義文社長（社長在任一九九二〜九六年）付の秘書課長（今風にいえばエグゼクティブ・アシスタントの役割）に就いていた。

辻社長は久米豊社長（同一九八五〜九二年）の後継として、バブル崩壊後の経営立て直しの役割を期待されて就任した新社長だった。

当時、社長付の秘書課長といえば、英語のできる輸出部門の若手課長が務めるのが通例だった。なぜ私が呼ばれたのか。まさに青天の霹靂だったが、後に聞いたところでは、幹部の間でこんな話が交わされていたらしい。

「今後は海外生産、海外展開がカギになる。いわゆる英語屋さんではなく、モノづくりのバックグラウンドがあり、かつ英語を苦にしない人材はいないか」

それで私の名前に行き着いたらしい。

辻さんは工場長から役員になり、社長にまで登りつめた人だ。社内では、生産現場出身の豪快な「おやじさん」タイプのボスと目されていたし、私もそう思っていた。ところが秘書として日々の行動を共にしながら、いわゆる「おやじさん」とは全く次元の異なるシビアな経営者としての一面を強く感じるようになった。恐らく、そのスタンスで改革を進める中で、秘書課長の選定にもこだわったのだろう。

今にして思えば辻社長の指揮の下、座間工場の閉鎖をはじめ、後のゴーン改革を先取りするような先進的な施策も行われたのだが、当時はまだバブル期の経営陣も多く残っており、残念ながら社長が抱いていた強い危機感が在任期間の四年間では社内の末端までは届かなかったように思う。ポイントとなっていた海外生産を含む海外事業の管理についても様々な議論がなされたが、実行段階で効果の上がる施策にはつながらず、一九九〇年代後半の急速な業績悪化を招いてしまった。

私は「社長付」とはいえ、まだ課長職であり、経営陣の議論をすべて理解していたわけではないが、私の感じた限りでは、当時の副社長以下の役員は「開発」や「生産」など、それぞれの分野を代表して選ばれたという印象が強かった。つまり副社長以下の役員は自分の出身分野の見方でやるべきことを優先的に考えるから、会社全体を見渡して議論し、悩み、意思決定するのは社長ただ一人という感じだった。これでは辻社長は大変だったに違いない。

拡大してしまった海外生産事業をどう管理運営していくのかという重大案件に関する議論は絶えなかったが、取り組みの方向性は一向に定まらなかった。

私は社長付の秘書課長を四年間務めた後、一九九〇年代後半に古巣の購買部門へ戻り、その後は欧州日産に出向した。アジア金融危機に端を発する混乱が日本の高度成長期を支えた金融の構造にまで影響を与える中で、日産内部では海外事業の収益改善、その基礎となる海外事業の運営、管理体制の整備が進まず、（辻社長の下、収益は一時的に少し回復したものの）さらに収益悪化が進んでいた。私も偉そうなことは言えず、海外事業の管理体制が問題だと分かっているつもりだったが、輸出で大幅な利益を上げていた時代の旧態依然とした構造が残る中で、いったいどこから手をつけたらいいのか見当もつかなかったし、まだ部長にもなっていない身ではやるべきことが全く見いだせなかった。

日産は今の形で存続できるのか。このまま安泰でいられるのか……。そんな疑問が頭を離れない。自分がこの会社で仕事をしているという未来が思い描けなくなった。

「日産で働き続けるのは難しいかな」

私は漠然とそう考え始めていた。

第五章

ルノーの救済

ゴーンとの出会い

そんな中で、いよいよ経営危機が表面化し、一九九九年にフランスの自動車大手ルノーの出資による救済を仰ぐことになった。

一九九九年春、ルノーから出資、支援を仰ぐことが決まり、同年六月にルノーから最高執行責任者（ＣＯＯ）として送り込まれたカルロス・ゴーン体制の下で、日産の再建が始まった。

当時、私は経営中枢から全く離れたヨーロッパ（拠点はロンドン近郊の開発拠点にあった）にいて、経営陣の動きはほとんど把握していなかった。

「これからは英語だけでなく、ドイツ語かフランス語ができないとダメな時代になるのかな」

日本から伝わってくる噂を聞き、そんな軽口をたたいていたくらいだ。実際、出資を仰ぐ相手の候補として、ルノーのほか、ドイツのダイムラーの名も挙がっていたのである。

ルノーは当初、約六千億円を投じて日産の株式約三七％を取得した。その後、日産はルノーの連結子会社にこそならなかったが、いくつかのステップを経て、ルノーが日産の株式の四三％を持つ支配的な立場になったのだった。

私を含めて、ヨーロッパに駐在していた社員はこれからなにが起きるのか全く分からなかった。

ＣＯＯとして日産の再建に取り組むことになったゴーンは、まず世界各地にある日産の事業所の視察から仕事をスタートさせた。

日産のヨーロッパの組織は、日系企業の出先機関によくみられる典型的な構造になっていた。欧州全体の責任者として日本人役員がおり、その周りのスタッフも日本人で固められ、ヨーロッパ各国に現地出身の幹部がいるという形だ。

ゴーンＣＯＯが視察にやって来るというので、この日本人幹部たちがゴーンと彼に同行するパトリック・ペラタ副社長をうやうやしく歓迎していた。

この時、私はゴーンに初めて会い、挨拶した記憶がある。

私は英北東部ニューカッスルの空港の車寄せでゴーンを待っていた。目の前に日産車が止まり、ゴーンＣＯＯが腹心のペラタ副社長と一緒に姿を現した。彼らはニューカッスルの隣町サンダーランドにある日産の組み立て工場を視察し、次の巡視先であるロンドンの販売会社に移動するため、この空港にやってきたのである。

ローカル便でロンドンのヒースロー空港まで約一時間のフライト。この飛行機に同乗し、ヒースローで出迎える販売会社の社長以下幹部たちに引き継ぐのが私の役目だった。

「欧州日産のサイカワと申します。ロンドンまでご一緒します」

「オーケー、ありがとう」

サンダーランド工場から車で三十分。私を含めて三人でニューカッスルの空港にチェックインし、一時間ほどの空の旅を経てヒースロー空港に到着する。

席はエコノミークラスの三列シートで、窓側からゴーンCOO、ペラタ氏、私の順に座った。

ゴーンは機内ではペラタ氏としきりに「次は販売の方の話だな」などと話し込んでいた。ゴーンとペラタ氏の会話が途切れがちになったタイミングを見計らって、私から手書きのメモを渡し、ロンドンで待っている幹部の名前と役職をざっと説明した。ほんの数分間だが、これがゴーンと交わした最初の会話らしい会話だった。

「ありがとう。よく分かった」

ゴーンの返事は短かったが、ペラタ氏は私の名前を覚えていて、

「サンキュー、サイカワサン」

と言ってくれたのが印象に残った。

初対面といえば、たったそれだけの時間であり、当時のゴーンCOOとペラタ副社長から見れば、単なる同行者以上でも以下でもなかったに違いない。「サイカワにも、自己紹介の機会ぐらいは用意してやろう」と当時の欧州日産のトップが温情を見せ、アレンジしてくれたのだろう。

ゴーンに会った後、私は内心でこう考えていた。ヨーロッパに本拠を置くルノーから外国人の経営トップを迎えたわけだから、これからは他の日本人よりは多少ヨーロッパのことを知っています、英語も大丈夫です……といった程度の日本人幹部などもはや無用の長物で、ヨーロッパ出身の能力のある社員が重用されていくことになるだろう、と。

私は北米事情にかかわった経験はあったが、欧州の経験はほとんどなかった。いずれ自分のような人材は必要とされなくなるだろうな、などと思いながら、自らをゴーンチームに売り込もうと躍起になっている当時の欧州事業の幹部たちの大騒ぎを冷めた目で見ていた記憶がある。

辻さんに言われたこと

ここで時間を少し戻し、私の欧州赴任が決まった一九九八年春の出来事を紹介しておこう。

当時、会長になっていた辻さんから連絡があり、夫婦そろって銀座でご馳走になった。銀座の裏通りにある辻さんお気に入りの居酒屋風の店だった。

我が家の子供たちが受験の年ごろを迎えていたため、欧州に連れていくべきか、私が単身赴任すべきか……など、妻の弘子を交えて話が盛り上がった。

ご夫妻にお子さんはいなかったが、辻さんは大の子供好きだった。私と妻の苦労話を我が子の悩みのように聞いてくださり、うちの子供たちの話をすると、実の孫のことのように目を細めてくださった。ひとしきり話した後、妻が少し席を外した時に、辻さんが改まった口調で語り始めた。

「日産もこれから変わるよ。いや、変わらねばならないと言った方がいいかな」

辻さんが社長時代から頭を悩ませ、常々口にしていた言葉がある。

「日産は輸出型の組織や習慣からなかなか抜け出せないんだ」

日産が「変わらねばならない」とは、それを指している。その言葉を思い出した私は大きくうなずいて、

「ええ、全くその通りだと思いますが、なかなか難しいですね。どう進めていけばいいのか……。まあ、リーダー次第ですかね」

と応えた。私は「リーダー次第」と言いながら、ある役員の顔を思い浮かべていた。当時、改革的な姿勢を持っていた人だ。

「あんたがやらなければならないかもしれないぞ」

辻さんがポツリと言った。冗談とも本気ともつかない調子だった。

そのうちに妻が席に戻り、また子供たちの話に花が咲き、さっきの話が本気なのか冗談なのか確かめる間もなくお開きになった。

その後は私が欧州に赴任したため、辻さんと話す機会もなくなってしまったのだった。

さて、時を一九九九年初夏に戻そう。ゴーンCOOを迎えた欧州日産の幹部の大騒ぎに辟易しながら、私はこう思っていた。

「辻さんが成し遂げられなかった改革。あの改革がゴーン新体制の下で進むかもしれない。自分はその動きに参画もせず、行方を見極めもせずに日産を辞めていいのか……」

私は自分の中でなかなか方向を決められずにいた。

ルノー幹部の雰囲気

そんな中で、日本の本社から、ルノー本社の購買部門のトップを至急訪ねるようにと命じられた。

一九九九年の初夏、とても陽気のいい日だった。私はパリ近郊のブローニュ＝ビヤンクールにあるルノー本社を訪ねた。ルノーに関する予備知識を仕入れる時間すらなく、まさに手ぶらの状態で、のこのこと出かけたのである。

購買部門のトップはジャン＝バプティステ・ドゥザンだ。ルノーの購買改革をリードしたゴーンの右腕と聞いていたから、出資された側のいわば格下である私に対して威圧的な態度で臨んでくるだろうと覚悟を決めていたのだが、彼の第一声はこうだった。

「もうすぐお昼だね。ご飯でも食べにいこうか」

身構えていた私はやや拍子抜けした。そのランチの席で、共同購買の企画を一緒に進めることになるポール・パルニエを紹介された。

二人とも非常に熱心で、日産に興味を持っていた。ルノーが日産を救済してやったのだと親会社風を吹かせることもなく、威圧的な態度も全く見せず、パートナーとして提携の効果が双方に出せるように、お互い頑張りましょうという姿勢を崩さなかった。

少々意外でもあったが、彼らと一緒ならやれるかな、面白い仕事になるだろうな……という気持ちが芽生えた。

後で分かったのだが、ドゥザンはルノーの経営改革のために外部からスカウトされた人材で、もともとシティバンクのキャリアが長く、ロンドンの金融街シティーで活躍したバリバリのバンカーだった。

パルニエは東京大学大学院で教えたこともある有名な科学者で、ゴーンチームのテクニカルアドバイザーとしてルノーに招かれたのだった。

二人ともルノーの生え抜きではなく、それぞれの道における一流の人材で、強い信念を持っていた。二人の信念は共通していた。

「日産との提携はチャンスなんだ。これを機会にルノーも国際化すべきなんだよ」

異口同音にそんなことを言った。当時のルノーはまだまだフランス的、保守的だったから、そこに危機感を抱いていたのだろう。

振り返ってみれば、その時に会ったのが彼らではなく、もっと親会社風を吹かすような連中だったら、私はその段階で日産を辞めていたかもしれない。

そのころ日産本社ではルノーから乗り込んできたゴーンチームに対して、ひたずら媚びを売る連中もいれば、面従腹背で裏に回って愚痴をこぼす者もいた。買収された企業にみられる典型的な反応が社内を覆い尽くしていて、こんな情けない風景を目にしながら仕事をするのは実に嫌なものだと感じてもいた。

そんな雰囲気とは全くかけ離れたパリの一角で、ドゥザン、パルニエと出会った。それでもう少しゴーン体制の日産で仕事を続けてみようかという気持ちになれたのだった。

日産リバイバルプラン

日産は一九九九年十月十八日、この会社が世界で持続的に利益を出し、成長し続けるための包括的な再建計画「日産リバイバルプラン」を発表した。長い歴史を持つ日本の会社がフランス資本の傘下に入った中で打ち出した改革案であり、様々な観点から注目を浴びることになった。

日産リバイバルプランは、本社の若手・中堅幹部を中心に部署や役職を超えて組織された

「クロスファンクショナルチーム（CFT）」が主体となってまとめた計画で、以下の三つの達成目標を掲げた。

（一）二〇〇〇年度連結当期利益の黒字化

（二）二〇〇二年度連結売上高営業利益率四・五％以上

（三）二〇〇二年度末までに自動車事業の連結有利子負債を七千億円以下に削減

当初は三年計画でスタートしたのだが、これら三つの目標を一年前倒しで達成し、日産の収益体質は著しく改善することになった。

当時、私は欧州日産の駐在員であり、英国の開発センターに籍を置くゼネラルマネジャーの一人にすぎなかった。会社の中枢からはかなり離れたポジションにあって、良くも悪くもゴーン改革という激動の渦中にはいなかった。

おかげでCEO兼社長として日産の中枢を握ったゴーン本人やゴーンチームとも距離があり（もちろんヨーロッパ駐在のマネジャーとして、本社の購買改革の検討には折々参加していた）、ルノーとのコミュニケーションにしても、前述のドゥザンやパルニエとの日常的なコンタクトが中心だったため、会社の変化を比較的冷静に見ることができた。

その意味では、ドゥザンとパルニエがフェアな姿勢で私を迎えてくれたことがなにより幸運だったと思っている。

その後、家族を英国に残したまま、パリや東京を行ったり来たりしながら、初期の「日産リバイバルプラン」、ルノーとの協業の推進などにかかわったのだが、その数年の間に日産という会社がガラッと変わったのを実感した。

海外事業の運営に課題があると分かっていながら、なに一つ有効な手が打たれず、ずるずると収益悪化の一途をたどった灰色の一九九〇年代から一転、私がずっと感じていたもどかしさ、モヤモヤが次々と晴れていったのである。

ゴーン改革の下では一つ一つの取り組みが具体的な実行の重みを伴っていた。意見の相違で揉めることも少なくなかったが、収益改善という共通の目標と、それをブレイクダウンした個々の活動の目標がはっきりしていたから、最後にはアクションにつながった。

議論のための議論に終始していた以前の日産とは全く異なる緊張感に包まれながらの毎日になった。

社内にはゴーン改革による劇的な変化について行けない人、あるいは変化を嫌う人も多く、様々な混乱が起きていた。その中で、私の気持ちのベクトルは「もう辞めてしまおう」から「もう少しこの会社でやってみるか」という方向に転換し、ほぼ固まった。

この間、家族にも様々な負担をかけることになってしまった。

一九八〇年代後半、米国から帰国した私はバブルに浮かれる日産の仕事に違和感を覚えたのだが、同じように家族も日本の生活にいま一つなじめず、娘も帰国子女ならではの苦労が何年も続いた。私の仕事の行方も日産の方向性も定まらない中で、家族もつかみどころのない生活を送っていたのである。苦労しながらも、家族が協力し合い、問題を一つひとつクリアしながら生きていた米国時代とは明らかに違っていた。

私の父が裁判官退任後、六十五歳の若さで亡くなったことも大きかった。胃がんが見つかった時はすでに手遅れで、あっと言う間に逝ってしまった。西川家の柱、いや、一族郎党の大黒柱といえる存在だった父が、あっけなくいなくなってしまったのだ。父は妻の弘子を実の娘のようにかわいがってくれていた。その父の不在が、帰国後の不安感に拍車をかけてしまった。

父が亡くなったのはバブル経済が盛りを迎えた一九八八年夏、昭和が幕を閉じる半年前だった。世に言う「バブル崩壊」までは少し間があったが、私の仕事を取り巻く雰囲気のせいもあって、バブルで沸き立つ世間とはやや異なる感覚で、私も妻も漠然とした不安を抱えていた。このまま日本で子供を育て、暮らしていけるのだろうか……と。

その不安は数年後、日産の業績、さらには日本の経済全体にとっても現実のものになってしまった。

当時の日産を振り返ってみると、一九八八年九月にセフィーロというオーソドックスなFR（後輪駆動）の四ドアセダンを発売している。井上陽水さんが出演したテレビコマーシャルが話題になった。CMは「キーワードは、くうねるあそぶ。」という陽水さんの声から始まる。糸井重里さんによるキャッチコピーだ。美しい森の中の舗装道路をセフィーロが走っている。場所は軽井沢のような高原にも見えるが、ニューヨーク州立大学の構内だ。バックの音楽は陽水さんの「今夜、私に」。やがてセフィーロの助手席の窓が開いて陽水さんが顔を出し、にこやかな顔で視聴者に語りかける。

「みなさん、お元気ですか」

肩の力の抜けた、陽水さんならではの軽みが絶妙だった。ところがCMが一般に浸透し始めた時、昭和天皇が崩御された。世の自粛ムードの下、このCMは従来のままでは放送できなくなった。陽水さんの顔は登場するが、音を消したバージョンで放送することになった。あれは忘れもしない一九八九年の新年を迎えて間もない寒い朝。亡くなった父の死後の手続きをしながら、この音のないCMをぼんやりと見た記憶がある。その後に来る時代を暗示するような日だった。

ちなみにセフィーロは注目を集めきれないうちにバブル崩壊に巻き込まれ、ゴーン改革の初期にひっそりと姿を消すことになる。

すでに言及した通り、私は一九九二年、辻義文社長付の秘書課長という全く予想もしていなかった仕事に就くことになった。その少し前、妻の弘子には、

「やっぱり、海外で働く方が性に合っているのかな」

と漏らしていた。私も妻も一九八〇年代を過ごした米国に行きたいという強い思いを抱い

ていた。

しかし結果的には、私が辻社長に呼ばれるという形で、米国行きはお預けになった。もちろん辻社長との仕事は手ごたえもあり、良い勉強になった。後年は妻も親しくお付き合いさせていただき、子供たちまでかわいがっていただいた。辻さんの下で働く道を選んだことに後悔はないが、あの時に米国を志向していたら、私も家族も全く違う道を歩むことになったのだろう。

結果として、私たち家族はバブル崩壊後の停滞感漂う日本にどっぷり浸かったのだった。日産の業績不振で私の収入が全く増えなかったため、妻は小さな英語教室を始めた。長女は帰国子女特有のハンディキャップを背負いながら受験期を過ごした。

単身赴任をとりやめて

一九九八年、私の欧州赴任が決まった。妻の教室はかなり大きな規模になっていた。私は他の同世代の駐在員と同じように、受験期の子供と、英語教室を主宰する妻を日本に残して単身赴任するつもりで準備を進めた。

同年夏、英国のミルトンキーンズ郊外にある日産の開発センターに赴任した。ロンドンの北西、ケンブリッジとオックスフォードの中間地点にある都市だ。当時、日産の業績は悪化の一途をたどっていた。欧州の事業は全くまとまりがなく、ほとんど機能していない。どこかに身売りするか、解体されるか……といった話がいよいよ現実味を帯びてきていた。

私は四十代半ば。仕事にも今ひとつ身が入らない状態で、仮住まいをしながら家探しをしていた。たまには妻や子供たちが遊びにきてくれるかもしれない。少し広めの家を借りた方がいいかななどと考えていた時、ふと思った。

「本当にこれでいいのか？」

ふつふつと疑問が湧いてきて、どんどん膨らんでいった。

今後、日産がどの方向に転ぶのか分からないが、私も家族も大きな岐路に直面しているのは確かだった。こんな時に、夫婦が、家族がバラバラに暮らしていてもいいのだろうか。

二十代で初めて米国に留学した時、当時の常識にあらがってまで、妻と子供を連れて貧乏暮らしをする方を選んだ。ところが帰国してから日本の生活にどっぷりと浸かった挙げ句、家族を残して海外に単身赴任するという、いかにも日本人的な道を選択してしまった。そんな自分に気づいてハッとしたのである。

確かその日のうちだったと思うが、家族で暮らせる居心地の良さそうな家を確保し、自宅に国際電話をかけた。

妻の弘子が出て、

「うん、分かった。行くよ。いろいろと準備もあるから、何度か往復して日本側と英国側の

だった。

「子供の学校などの段取りをつけなくちゃ」

と即答してくれた。

その言葉の通り、彼女はエコノミーで何度も日本と英国を往復しながら、自分の英語教室や子供の学校などの段取りをつけた。すでに大学に進学していた長女は日本の留守宅に残し、高校生の次女と中学生の長男を連れて英国の家に落ち着いたのは一九九九年正月のことだった。

三人の子供たちもそれぞれ大変な思いをしたに違いないが、自分が主宰して大きく成長させた英語教室をパートナーにスパッと譲り、なんの文句も言わずについてきてくれた妻にはいくら感謝してもしきれない。

「もう辞めてしまおう」と思っていた私は、辞表を出すところまでは至らなかった。その前にルノーの出資、ゴーン体制の発足、経営陣の大幅刷新、アライアンスのスタート……と目まぐるしく状況が変わり、私の仕事も仕事の環境も大きく変わることになったのである。私自身が新たな進路を選ぶかどうか悩んでいるうちに、日産という会社が一足先にガラガラと音を立てて変わっていったという感じだった。

私は英国の開発センターにあるオフィスに加えて、パリにあるルノーのオフィス、さらには東京の日産本社にも頻繁に行くようになった。ルノーとの協業に深くかかわる中で「もう辞めてしまおう」という心はどこかに去り、

「ここでしばらく頑張ってみよう」

という気持ちに落ち着いたのだった。

その間、時間にすれば二年足らずだったが、この日々を家族と共に過ごせたのは、私にとってかけがえのないことだった。

困難な仕事の連続で忙しい日々の中、私を信頼して付いてきてくれた当時の若手の頑張りも大変ありがたかった。彼らも私と同じように過去十年の間、全く増えない給料で苦労を重ねてきたことは承知していたから、なんとか彼らの苦労が報われるようにしなければという気持ちも私にはあった。

ちなみに最初にルノーを訪ねた際に会ったパルニエとは、後に購買のクロスカンパニーチーム（通称ＣＣＴ）の双方のリーダーとして一緒に仕事をした。

もう一人のドゥザンとは、彼が共同購買部門のトップ、私がその下の実務責任者になった時期もあるし、彼がルノーを退社した後はゴーン事件の後始末の段階まで日産の社外取締役をお願いして長く付き合うことになった。

ルノーとの共同購買

日産の内部で「クロスファンクショナルチーム」の提言による改革が急ピッチで進められ

る中で、私はルノーとの連絡係的な役割を担っていたが、その間に徐々にルノー側から信頼されるようになった。

改革と並行して、日産本社も大きく人が変わった。ルノーから送り込まれた幹部やゴーン体制下で新たに登用、あるいは採用した幹部が中心的な役割を果たすようになり、それまでの生え抜きの日本人幹部を中心とした運営から様変わりの様相を呈していた。

日本人幹部と通訳という体制では改革のスピードについていけないから、ヨーロッパにいた私が日本の本社の仕事も手伝うようになり、一時は英仏日の三ヵ所に自分のデスクができてしまった。英国のオフィス、ルノーが連絡係の私のために用意してくれたルノー本社内のオフィス、当時の日産銀座本社である。

多忙な日々が続いたが、苦にはならなかった。一九九〇年代には決してできなかった改革がゴーン体制の下で次々と実施されていく様子を目の当たりにして、やる気を刺激されていたのだろう。

そんな折、ルノーと日産で共同購買の組織を立ち上げることが双方の社内で正式に承認され、二〇〇一年四月に共同購買会社「ＲＮＰＯ（ルノー・ニッサンパーチェシングオーガニゼーション）」が船出した。

その後、ＲＮＰＯは効率的な購買活動を推進できる画期的な組織として業界内で有名になり、エンジンの共同開発、相互使用と並ぶ初期のアライアンスのシナジー（相乗）効果の代表的な活動に成長する。

二〇〇一年の初め、幹部に呼ばれた。

「西川君、ルノーと一緒にやる共同購買の組織だけどね」

「はい、四月から始まりますね」

「あれ、君に任せるよ」

私はＲＮＰＯの旗揚げ当初から、この組織の実質的な運営責任者にされてしまった。会長は非常勤のドゥザンだ。確かに、私は当初からこの企画、提案にかかわってきた。行きがかり上、初期の構成メンバーとして「おまえも参加しろ」と命じられるところまでは想定していたが、責任者は当然ルノー側から出るものだと思っていたから、突然の内示に面食らったのを覚えている。

それまでの私は、対ルノーの窓口として、購買改革の推進を担当していたが、当時の日産社内の感覚でいえば、私は下流工程である購買部門の一マネジャーにすぎなかった。

ＣＥＯのゴーンと直接話をする機会など、全くあろうはずもない立場にいたわけだが、ＲＮＰＯの責任者に任命される際、改めてゴーンのオフィスまで出向いて挨拶することになった。

同じ時期、ゴーンを日産に送り込んだ大ボスでもあったルノーのシュバイツァーＣＥＯからも呼ばれ、初めて直接話をすることになった。

私が責任者に任命されたことについて、日産社内では部長級人事の一つにすぎないと受け止められていた。しかし購買改革を重視する欧米型の思考で動いているルノーのトップとゴーンにとっては、将来に向けた重要な人事という認識があったようだ。

企画段階からかかわってきた組織だが、いざその組織が立ち上がり、自分がヘッドになってみると、最初から難問に悩まされることになった。メンバー構成が実に複雑だったのだ。基本的にはルノー出身者と日産出身者で構成される組織だが、国籍でいえばフランスと日本はもちろん、英国、米国、スペイン、オランダ、中国、モロッコなど、スタートの段階から覚えきれないほどの混成部隊になっていた。

共通言語はネイティブではない英語。部長クラス三人のうち、二人はルノー出身の男性と女性、一人は日産出身の日本人男性という構成だった。

出身の会社や国で固まっていては仕事にならないから、チームとして仕事をする環境づくりが急務だった。

ルノーは非常にフランス的な会社だが、この組織を契機に自分たちも変わろうという狙いがあったのか、多様性に富んだ若い人材を送り込んできていた。集まったメンバーたちにも、共通のバックグラウンドを持つ者同士で群れるという妙な習慣はほとんどなかった。

一方、案の定というべきか、仲間内で群れやすいのは日本人で、私が最初にやるべき仕事は日本人同士で群れさせないことだった。

RNPOは三人の部長の下、部品や材料ごとに、マネジャーと副マネジャーで構成されるグループがいくつも連なるという組織になっていた。ルノー出身の部長の配下に日産出身のマネジャー、ルノー出身の副マネジャーが付くという組み合わせも多かった。

ルノー出身の二人のフランス人部長は、部下である日産出身の日本人マネジャーと、日本人の部長はフランス人マネジャーと日々一緒に仕事をするわけだ。

しかもオフィスはフランスと日本の二ヵ所にあり、全員が世界中を行ったり来たりしながらテレビ会議をフル活用してコミュニケーションを保たなければならない。二〇二〇年の新型コロナウイルス禍以降、日本でもリモート会議は世の常識になったが、当時は緒に就いたばかりで、この組織を運営していくのは極めて難易度が高かった。

「西川さん、部長と意見が食い違って、ちょっと困っているんですけど……」

もともと一緒に仕事をしていた関係もあって、日本人マネジャーから相談を持ちかけられるケースが、特に初期は多かった。普段は英語のコミュニケーションを強いられているから、日本人同士、日本語で話せるという気安さもあったのだろう。

「君の直属の上司はあの部長だろう。まずは部長とよく話し合ってみろよ」

彼の上司の部長はフランス人、部下の副マネジャーもフランス人。間にはさまれてストレスも多かったのだろう。かわいそうだとは思ったが、私は突き放すことにしていた。

「西川さんは日本人に厳しすぎるんじゃないか」

そんな批判が私の耳に届かなかったわけではない。しかし私は初志貫徹が肝要と、当事者間でのやり取りには口を挟まなかった。それが功を奏したのか分からないが、半年もすると、日本人である私より上司のフランス人部長と緊密な連携を取り、良い仕事をするようになっていった。

もちろんチームワークの醸成がうまく行かないケースもあった。原因は様々で、日本人同士で固まることだけが問題というわけではなかった。

米同時多発テロの衝撃

この共同購買組織が本格的に動き出した頃、経済活動や社会のグローバル化に大きく影響を与え、それらに携わる人たちを震撼させる出来事があった。二〇〇一年年九月十一日に起きた米同時多発テロである。

あの日、私はパリにいた。

ドイツの大手サプライヤーB社との会議が予定されていた。記憶が少々あいまいだが、次の移動に備えて、数人の同僚たちとパリのホテルか空港のロビーで待機しているところだったと思う。

ロビーにある大型テレビの前に人が群がり、すぐに騒然となった。ぼんやりと画面を見つめていた私も目を疑った。大きな旅客機が高層ビルに激突するシーンが繰り返し流れている。あのビルは世界貿易センターではないか。れっきとしたニュース映像で、映画ではなさそうだ。

「いったい、これは……」

周囲の人たちが「ニューヨークが攻撃されている」と口々に叫んでいる。当時、すでにインターネット時代になってはいたが、スマートフォンやSNSが一般に普及するのは十年余り後のことだ。なにが起きたのか。情報を得るためには、そのままテレビを見続けるしかなかった。周囲の人たちも事情は同じで、全員が口を開けたまま画面に見入っている。

やがて二つ並んでいる高層ビルの一方が突然崩れていった。百聞は一見に如かずというが、この目で見ているのに、なにが起きているのか理解できなかった。一言で表せば「衝撃」以外の何物でもなかった。

B社との会議はキャンセルにはならなかった。飛行機の便が混乱して我々はドイツに行けなかったが、B社の面々がパリに来てくれて会合を持てたのである。

共同購買組織として、欧州の大手サプライヤーとどう向き合っていくのか。組織の将来を占ううえで極めて重要な会議だったが、双方ともにニューヨークの大事件に気を取られ、なんとなく集中できないまま会議は終わった。

実はその会議をセットしたルノー・日産共同購買組織側の窓口責任者A氏に異変が起きて

いた。彼がテロの映像をテレビで目にした時点から異変は始まっていたようだ。彼の直属の上司である日本人のゼネラルマネジャー（部長格）から、

「ちょっとAの様子がおかしい」

とささやかれた。

A氏はスペイン系の男性で、若手のホープとして大いに期待を寄せていた人物だった。日本人マネジャーに促され、A氏が私に言った。

「サイカワサン、ご存じの通り、大変な事件が起きました。私は家に戻らなければなりません」

イスラム系の組織による攻撃が始まった。A氏はそう理解したのだろう。事件は遠く離れた米国で起きていたのだが、敬虔なキリスト教徒の彼にとっては欧米社会全体への攻撃と映ったのだと思う。

「Aさん、分かった。今は落ち着いて仕事に当たれないというんだね。君がそう思うのであれば、少し休むことだ。会議のことは心配しなくていいよ」

と、私はそんな返答をした。

A氏はそのままパリの自宅に帰ったが、それ以外のメンバーは比較的落ち着いて仕事に当たっているように見えた。しかし彼ら欧米人やキリスト教徒にとって、あのテロ事件の衝撃や意味合いは、日本人である私の受け止め方とはかなり異なり、相当な温度差があるのかも

しれない。恐らくそうなのだろう。そう思ったが、どうすることもできなかった。

米同時多発テロの後、各航空会社のフライト予定は相当乱れたと記憶している。航空会社は普段からセキュリティー面には万全を期しているはずだが、この時期に警戒の度合いがさらに高まったのは当然だろう。ようやくパリ発成田着のＡＮＡ便を確保できた。パリと東京を行き来している日産の他部署の面々のほか、しばらく足止めを食っていた日本人観光客もこの便にどっと押し寄せたようだ。

シャルル・ド・ゴール空港で搭乗の案内を待っていた時、少し出発が遅れるというアナウンスがあった。細かい説明はなかったが、チェックインした荷物に不審物があったらしい。結局、貨物室の荷物をすべて滑走路に降ろし、乗客がそれぞれの手荷物を自分で確認することになり、ゲートの待合室に数時間留め置かれた。

同じ便にたまたまゴーン（当時は日産ＣＥＯ）も乗り合わせていた。彼も待合室で待たされていた。

ゴーンの存在に気づいた観光客が、彼に話しかけ始めた。ゴーン改革のニュースが全国を駆け巡っていた頃だから、ゴーンはいわば「時の人」だ。フランス人をはじめ他国の人もいたが、特に日本人観光客が次々と話しかけ、ゴーン自身も気軽に写真に収まっていた。

彼も私が居合わせているのに気づき、遠くから軽く手を挙げて挨拶をした。

そこまでは良かったのだが、そのうち待合室に居合わせた日産の社員たちが次々とゴーン

CEOの前に出向いて挨拶し始めた。カルロス・ゴーンと直接話せる機会などめったにない。誰もが満面の笑みで近づき、自分の所属や名前、功績をアピールするのである。

テロの生々しい映像にショックを受け、仕事ができなくなってしまった共同購買組織の外国人メンバーの顔を思い出した。テロ直後、気持ちの整理がつかない中で開いたB社と会議の様子も……。そんな異様な緊張感を経験したばかりだったからか、日産の日本人社員たちの様子がことさら気になった。

自分たちの社会に対する攻撃、あるいは欧米主導のグローバル化への攻撃として、米同時多発テロを他人事とは思っていない外国人メンバーが多い中で、テロはあくまでも米国で起きた事件であり、しょせんは対岸の火事と受け止めているのだ。彼我の差を見せつけられた思いだった。

そんな中で唯一の救いだったのは、たまたま乗り合わせた私の部下の落ち着いた態度だった。彼は共同組織所属の日本人で、ゴーンの姿を見ても落ち着いていた。B社との会議やその後のフォローといった重大な案件を抱え、前向きな緊張感と使命感を持っていたのだろう。日本に帰る便だからといって、浮ついた様子は一切見せなかった。

この便に「たまたま乗り合わせた」という表現をいくつか使った。日本の企業の多くは、こうした移動の際は総務の人が役員や社員の席をまとめて確保し、まるで修学旅行のように団体行動をするパターンが多いのではないか。幸か不幸か、少なくとも私の周りにはそういう習慣はなく、自分の都合を最優先して予定を組んでいたため、たまたま乗り合わせることはあっても、一緒に行動することはほとんどなかった。

共同購買組織のトップになって間もなく米同時多発テロを経験した。日米欧をまたぐグローバルな組織を運営することの難しさを改めて痛感させられたが、同時に「リーダーとして、さまざまな状況に遭遇しても落ち着いてこのチームを引っ張れるか。それが試されている」と感じながらのスタートでもあった。

その後、いくつか成功事例が生まれ、共同購買の仕事は徐々にルノー・日産の両社、さらには業界の中にまで浸透していった。

この共同購買組織ではマルドメ（まるでドメスティック、国際感覚に欠ける純国内派）と思われていた日本人マネジャーが混成チームの中でリーダーシップを発揮し、外国人上司の信頼を勝ち取るケースも多々あり、実に頼もしく見えた。

欧州、北米、日本の各地域の事情に精通し、かつ地域をまたがった仕事を進める能力もあるチームがいくつも生まれた。

少々の海外経験がある、多少英語ができるといったことは大した武器にはならない。日本人同士で群れたりせず、常にオープンであることの方が成功につながる大きな要素である……。初期のメンバーにとって、貴重なレッスンになったはずだ。

私も彼らの進化から多くを学ぶことができた。彼らは多様性を強みに変えていく過程を自ら体験したわけだ。それが後の「内なる国際化」の推進力になったと思っている。

社長就任と「内なる国際化」

話は少々脱線するが、私がゴーンの後を受けて社長兼ＣＥＯに就任した二〇一七年四月から、ゴーンが逮捕された二〇一八年十一月頃までの話をしておきたい。

社長兼ＣＥＯになる半年前の二〇一六年十月にＣｏ－ＣＥＯ（共同最高経営責任者）に就任し、社長兼会長でもあったゴーンＣＥＯを全面的に補佐する立場になった。その半年後にゴーンから社長兼ＣＥＯの座を引き継いだわけだが、バトンタッチは比較的スムーズだった。

むしろ私にとってはＣｏ－ＣＥＯに任命された時の変化の方が大きく、その段階から経営会議や商品決定会議など、社長をトップとする重要な会議体の議長役を任されるようになったと記憶している。すでに二〇一五〜一六年頃にはゴーンが日本に滞在する期間が短くなり、私が議長代行を引き受ける機会も多くなっていたから、さほど違和感はなかったのだが、今になって振り返ればゴーンの日産の実務離れが決定的になった時期でもあった。

私が社長兼ＣＥＯをゴーンから引き継いだとき、日産のグローバル事業にかかわっていた幹部の大半（もちろん日本人も含む）は、単に「議長役がサイカワさんに代わったんだな」

といった程度に受け止めていたと思う。一方で「日本人が社長になったのだから、少しは日本中心の経営に戻るのではないか」といった期待も、特に国内でキャリアを積んできた中堅以上の日本人幹部には多かったかもしれない。

その意味で「内なる国際化」はまだまだ道半ばだった。それで私は社長兼CEO就任後も「内なる国際化」路線を堅持した。日本人中心のマネジメントではなく、欧米の人材と互角に渡り合いながらグローバルな業務を進められる日本人がもっと増えることを期待し、そのチャレンジを鼓舞するための発信を繰り返したのだった。

「内なる国際化」とは単に外国人幹部の登用を指す言葉ではない。国籍、あるいはそれまでのキャリア、環境が異なる人材であっても能力を発揮できる場、環境、仕組み、プロセスが整備され、実際に活躍していることを指す。日本人であっても国際的な事業に対応できるグローバルな人材であればもちろん構わない。しかし日産社内の日本人に関していえば、技術系には経験豊かなリーダー層がいたが、事業の経験も併せ持ち、経営の中枢を任せられる人材は明らかに不足していた。

経営陣を支える法務や財務経理、人事などの管理部門も、経営が国際化していく中で、トップは欧米出身者ばかりになってしまう恐れがあった。

「日本人のビジネスリーダーを育てるのが喫緊の課題です」

当時、社長になった私が事あるごとにそう発言していたのも、そうした背景があったからだ。

そんな中でゴーン事件が発覚し、現職会長の逮捕という衝撃が走ったのだった。

改めて振り返ってみると、管理部門のリーダーが欧米人主体になった結果、日本人スタッフによる足元の管理業務が欧米人主体のグローバルチームのいわば下請けのようになってしまっていたことが、ゴーンの不正をはびこらせた一因だったように思える。

ゴーン逮捕後のリカバリーの過程でも、日産内部のリーダーシップのまだら模様（管理系の部署における日本人リーダーの不足）が私の重荷となり、悪影響が出てしまった。

まずゴーンの不正の摘発、刑事事案への対応などに当たる管理部門の日本人が非常に手薄だったのは痛かった。私はその「内なる国際化」のまだらな部分の補正に取り組み、態勢を立て直そうとしたのだが、事態は反対の方向に進んでしまった。

事件が起きた後、ゴーンの不正を非難する声だけでなく、ゴーン体制そのものに対する批判、あるいはかつての日本人主体の経営に戻るべきだという意見も出始めた。そうした声が、私の想定以上に日本人幹部に影響を与え、結果として日本人と外国人の意識の分断、情報の分断……といった方向に悪影響が出てしまった。

これは経営陣が一丸となって危機を乗り切ろうという機運を醸成するうえで、非常に厄介な足かせになった。

当時の経営陣の中でも意見の食い違いが目立つようになるなど、私が社長とCEOを辞任するまでこの混乱は続いた。私自身にとっても、ゴーンの不正への対応やルノーとの関係修復などの課題への対応そのものより、体力と精神力をすり減らす要因となってしまった。

この問題の根っこをたどってみると、二〇〇二年から二〇〇五年にかけての改革の後、日本人の人材を技術系部門のリーダーの役割に限定してしまい、事業運営や法務、財務、人事などで日本人リーダー層の登用が思うように進まなかったことに行き着く。結果として、様々な局面で問題を引き起こす要因になってしまった。

伝統的な組織経営にメスを入れたゴーン改革を光とすれば、ゴーンの不正や暴走は影といえるが、その影を生んだ原因の一つは経営の国際化を支える日本人の人材の不足だった。

日本人社員とは飲まない！

さて、話を私がトップを務めたＲＮＰＯの立ち上げ期に戻そう。

その後、日本でも企業活動のグローバル化が進むにつれて「ダイバーシティ（多様性）」がキーワードとして強調されるようになった。立ち上げ期を経験したメンバーは、単なる寄せ集めの混成チームになるか、多様性の強みを発揮できるチームになるかは、理念や理屈ではなく、日常の行動そのものがカギであることを十分に理解したことだろう。

どのレベルであっても、リーダーは決して同質の者同士で群れてはいけない。

これがメンバーから「ボス」として認められるための必須条件である。

「ダイバーシティを強みにすること」

とは、すなわち、

「同質の者同士で群れないこと」

と同義と言ってもいいと私は思っている。

その後、私の仕事の範囲は徐々に広がっていった。共同購買組織の立ち上げという任務には区切りをつけて後任に引き継ぎ、日産の役員としての業務が増えていった。

二〇〇五年からはグローバル購買に加えて、欧州事業の統括責任者を兼務することになった。

それまで欧州事業を統括していたのは、ゴーン体制のナンバーツーとして初期の日産改革を支えたパトリック・ペラタ氏だった。そのペラタ氏がルノーのCOOとしてフランスに戻ったため、後任として私が担当することになったのである。

担当は欧州事業の統括なのだが、経営会議のメンバーでもあるため、私の本拠は日本の日産本社にあった。そのうえで欧州事業のPDCA（プラン＝計画、ドゥ＝実行、チェック＝評価、アクション＝改善の四つのプロセス）を回し、重要事項を決定するため一ヵ月のうち一週間は欧州に滞在するという形になった。

ペラタ氏から引き継ぎを受けた際に目にした事業は、私がいた数年前までの欧州日産と比べると、全く別の事業のように見えた。

かつて欧州各地の会社は国ごとにバラバラに運営され、二ヵ所あった開発拠点も、同じく二ヵ所あった生産工場もそれぞれ独立した管理がなされていた。私のいた欧州日産という欧州統括会社は、会議を開く事務局としての役割以外ほとんど機能しておらず、当然ながら欧州事業全体の収益管理も十分にはできていない状態だった。

ところが引き継ぎを受けた二〇〇五年には、欧州事業全体の管理が進み、生産から販売まで一貫した管理が根づいていた。人事システムも一新され、欧州全体を考えた人材の配置、活用がなされていた。格段の進歩を遂げていたのである。

そんな変化の中で、日本との連絡役としての日本人駐在員は実質的に不要になり、開発、工場、経理のエキスパート以外の日本人はほとんどいなくなっていた。

生まれも育ちも教育環境も違う人間が集まって仕事をするわけだから、お互いを理解し合うのは大変なことで、短い時間では不可能に近い。その不足分をいわゆる「海外通」とか「フランス通」と称する日本人経由で各国、各地の状況を把握し、現地の様子を理解したつもりになっていたのが過去の日産の経営陣の実情だった。

会社も経営陣も欧州生まれのルノーと手を組んだ後は、欧州を熟知した若手バリバリの上層部が送り込まれ、日産のリバイバルと成長を支えている。結果として、欧州との連絡役、窓口、あるいは通訳機能としての日本人駐在員、日本側の窓口機能などが一気に不要になってしまったのである。

それに伴って、経営陣やリーダーに求められる姿勢、資質も変わった。

まず共通の目標を設定し、それを達成することが必要になる。そのためには、チーム内に様々な文化、バックグラウンドを持つメンバーがいることを認識しなければならない。違う文化やバックグラウンドへの理解は一朝一夕には進まないということもしっかり自覚したうえで、できる限り理解しようとする姿勢を持つことが重要になる……。そんなことを痛感させられた。

「エンパシー」という英単語は、直訳すれば「共感」だが、この訳では具体的に何を意味するのか今ひとつはっきりしない。経験を踏まえていえば、違う文化やバックグラウンドを持つ人の立場になって、できるだけ相手を理解しようとする姿勢、能力がエンパシーであり、欧州事業の運営に当たっても、様々な実務能力に加えて、エンパシーが重要だということを思い知った次第である。

こうした現象は日本でも起きていた。

ゴーン体制の第一陣としてルノーから日産に送り込まれた経営陣には「日本好き」「日本通」といわれるフランス人もいた。しかし実際に厳しい目標に向かって仕事を進める中で、日本人の信頼も得ながらリーダーとして活躍したフランス人は必ずしも日本通の人ではなかった。むしろ日本のことは全く知らないというところからスタートし、謙虚に学ぶ姿勢を持っていた人たちが多かった。

エンパシーには「共感力」という一見もっともらしい訳語がつけられることもあるが、少なくとも私の経験したビジネスの世界では、まだ自分の理解が及んでいない世界があるということを認識する能力、あるいはその違いをできるだけ理解しようとする姿勢……と言い換えるべきではないかと思うのである。

ペラタ氏に代わって私が欧州統括に就任した当初は、気を利かせているつもりなのだろうが、日本人の社員が寄ってきて、よくこんな誘いを受けた。

「西川さん、いつも外国人に囲まれて、ずっと英語で通さなくてはならないなんて大変ですね。お疲れでしょうから、この会議が終わったら、日本人だけで食事に行きませんか」

私があっさり断ると、誰もが意外、あるいは心外という顔をしていた。そんな誘いを受ければ普通ならホッとして「じゃあ、一息つくか」という感じで「行きましょう」という流れになると思っていたのだろう。

しかし私は日本人だけで集まって食事をすることを極力避けた。仮に集まるとしても、現地の幹部との懇談という形をとった。懇親の場合も、現地のＶＰ（ヴァイスプレジデント）クラス、ＧＭ（ゼネラルマネジャー）クラスといった区分けで集まることを原則にしていた。

欧州に滞在していた期間は、朝から夜まで会議続きで、夕食はホテルでルームサービスを取るという毎日だった。

おかげで一部の日本人からは陰口をたたかれた。

「西川は人間嫌いだ」

「ことさら日本人に冷たい」

当時の欧州事業のトップ・マネジメント・チームはフランス人二人、英国人一人、日本人一人の構成で、それぞれ全く異なるバックグラウンドと強い個性の持ち主だったが、結果として大変強いチームになり、欧州事業の一体化と業績の改善に大きく貢献してくれた。さらに各メンバーは欧州だけでなく、世界中の日産を支える重要な幹部に成長していった。

当時の欧州事業の幹部の構成はフランス、英国、スペイン、ドイツなど欧州出身者に加え、米国や日本からのメンバーも含んでいた。その中から、次代を担う幹部が数多く育つことになった。

私自身、地域をまたぐモノづくり機能の強化を進めながら、地域を軸とした事業のPDCAと成長をどう進めるか、マトリクス組織の縦軸と横軸の両方を担当しながら、多くのことを学ぶことができたと思っている。

ここでマトリクス組織について説明しておこう。

直角に交わる何本かの縦線と横線を思い浮かべていただきたい。碁盤か将棋盤のようなイメージだ。

横軸は開発、購買、生産など部門のチームを表す。それぞれの横軸には、経営会議に出席するクラスのトップがいる。

縦軸は日本、北米、ヨーロッパなど、地域別のチームで、やはりそれぞれにトップがいる。

横軸と縦軸にはたくさんの交差点ができる。例えば日本の開発、北米の生産、欧州の購買……などと。縦と横の両方から仕事が飛んでくる。時には揉めることもある。縦と横、お互いに何がいちばん良いのかを議論し、最終的な方向を決める。

これがマトリクス経営だ。

ゴーン改革を始める時、概念的にはマトリクス組織という形をある程度意識していたとは思うが、最初からマトリクスの運営を強調したわけではなかった。

むしろ改革の最初の一歩は、その横軸をグローバルに通すこと、それによって結果を出すことに集中していた。

一九九〇年代の日産は横軸がほとんど通っていない状態だった。機能別の横軸の責任者として副社長級の役員が日本にいたのだが、機能的には海外事業の支援（つまり先方から要請があればサポートする）、あるいは最初の仕事（開発、生産設備の設計、製作など）を日本で担当し、あとは海外の現地に引き継いで自分の仕事は終わり、というやり方だった。

すなわち最終的な結果に対する責任は負わず、あくまでも現地事業のサポートであるという姿勢だ。つまりグローバルの横軸は、事業責任上は実線ではなく点線にすぎなかったのである。

改革の一歩として、その横軸を実線として通し、グローバルを合わせた目標の達成責任を持たせ、それに伴う権限も明確化した。それが収益のV字回復に大きく貢献したのである。

揉め事、大いに結構

横軸をグローバルに通したことで日産のV字回復が大きく進んだ。次は縦軸である。経営構造の進化のステージとして、縦軸における地域別の事業構造のPDCAを強化する段階が始まった。それが二〇〇五年頃のことだ。

その流れの中で、ペラタ氏に代わって私が欧州統括に就任したわけだが、マトリクス組織でいえば、縦軸では西川がヨーロッパ地域の責任者で、横軸でも西川が開発、購買、生産というモノづくりの仕事を請け負っていた。両方の軸のトップだったわけだ。

当初、私の古巣でもある購買の社員から次々と声が上がった。

「(横軸にいる)我々は『ヨーロッパでは五%のコストダウンが限界』と言っているのに(縦軸の)事業の側からは『米国では一〇%を達成しているんだから、ヨーロッパでもさらにコストダウンできるはずだ』などと言ってきて困っているんですよ。なんとかなりませんか」

　ヨーロッパの責任者として、私はこう答える。

「まあ、ヨーロッパの人間の主張も聞いてやってくれ」

　すると決まって、

「事情の分かっているはずの西川さんが、どうしてヨーロッパの連中をサポートするのか」

「なぜ、そんなに甘いんだ」

「もっと車を売ればいいだろう」

　といった不満が噴出した。

「こういう揉め事も仕事の一部で、感情的になっても仕方がないよね」

　私は部下たちにそう言っていたし、時にはあえて揉め事を助長するようなことも言った。するとと不思議なもので、お互いに議論し合い、チャレンジして、さらに良い解を見いだそうとする姿勢が生まれ、だんだんパフォーマンスが上がっていくのである。

　私は「揉め事、大いに結構」と思っていた。

　それまでの日産の経営を振り返ると、モノづくり系にいる人は完全に横軸思考で、英語のできる人はなんとなく縦軸を担っているような顔をしていたが、縦と横が全く有機的につながっていなかったのである。

　ちなみに二〇一九年に私が日産社長を退任した後、日産のナンバースリーになった関潤氏は、マトリクス組織でいえば横軸の生産部門にいた。社内では横軸のやり手の専門家という位置づけで、将来を期待されていた。

私は関氏を抜擢する形で、中国事業の責任者に据えた。横軸から縦軸に移したわけだ。彼はそこで私と同じような経験をして、縦も横も大事であると身に染みて分かったと思う。日産にいる日本人で、そうした経験をしっかり積めたのは、私の後は関氏ぐらいではないか。

その意味で、当時はなかなか人材をうまく育てられなかったわけだが、関氏は確実に育った。その後も経験を積み、日本電産の社長に招かれ、さらに中国の鴻海《ホンハイ》精密工業グループの電気自動車（ＥＶ）事業の最高戦略責任者（ＣＳＯ）に就任した。

聞き上手の上司・ゴーン

先に述べた通り、ＣＯＯだったゴーンの姿を実際に初めて目にしたのは一九九九年春先、彼が側近のペラタ氏と共に欧州における日産の事業の現状を視察した時だった。ゴーンは数ヵ月の間、日産の拠点を視察して回りながら、再建プランを練っていた。この時の欧州訪問もその一環だった。

私がゴーンの乗る航空機に同乗し、簡単な挨拶をした時のエピソードはすでに紹介した。当然ながら立場も違うし、物理的にも距離が遠く、ゴーンの印象はあまり強くなかった。むしろ欧州日産の幹部たちの大騒ぎの方が記憶に残っている。

当時の欧州日産の中心は日本人と英国人だったが、それぞれがゴーンＣＯＯの関心を引こうと躍起になっていて、過剰に手厚いもてなしぶりだった。ゴーン本人の存在感より、周りの騒ぎの方が目立っていたくらいだ。「買収された会社というのは、こんな状況に陥ってしまうものなのか」と暗澹たる気分になった。

当のゴーン本人は、周りのご機嫌取りに浮かれることもなく、調子を合わせるでもなく、淡々と静かにしていた。同行したペラタ氏も偉ぶるところなど全くなく、彼の振る舞いを見るたびに救われる思いがした。

ゴーン改革は日本の本社を中心に進んだ。一九九九年十月に「日産リバイバルプラン」を発表し、急速な収益回復、黒字化を果たしたのである。

ゴーンが日産のトップであるＣＥＯに就任した後も、私は日常的にゴーンと接する機会はなかったが、ルノーと日産の共同購買組織（ＲＮＰＯ）を二〇〇一年に立ち上げる際、その責任者の候補に指名され、その機会が巡ってきた。任命前の面接兼挨拶のような形で、仕事上では初めてゴーンと一対一で話すことになったのだ。

ゴーンは「日産再生の立て役者」としてメディアからスター並みの扱いを受けるようになっていた。持論をガンガン押してくるタイプだろうと想像していたのだが、実際に一対一で話してみると、印象は全く違った。

相手が話している間は静かに耳を傾けるタイプで、大変な聞き上手だった。大勢の社員を前に話す時や、マスコミに見せるイメージとは全く異なっていた。

面接兼挨拶の日、私は日産本社（当時は東銀座）の十五階にあるゴーンCEOの執務室に呼ばれた。

会議机をはさんで、私の前に腰を下ろしたゴーンは世間話や抽象的な話などは全部すっ飛ばし、いきなりこう切り出した。

「オーケー、サイカワサン。購買部にとって重要なのはコストダウンの目標を達成することだ。進み具合はどうなっている？」

私はそれまでルノーとの共同作業の窓口のような仕事をしていたから、共同購買についてあれこれ質問されるのかと予想していた。やや意表を突かれたが、当時は目標を上回るスピードでコスト改善が進んでいたので、こう短く答えた。

「順調に進んでいます」

「それならグッドだ」

ゴーンも短く応じ、こう畳みかけた。

「サイカワサン、あなたをルノーとの共同購買のリーダーに任命しようと思っている。この仕組みは両社の購買を一つに束ねることで、さらなる効率化と原価低減を狙うものだ。当然ながらニッサンとしてはさらにストレッチ（上乗せ）した目標を持つことになる。もちろん、あなたにそれを達成してもらうことになる。準備はできているか？」

私はルノーとの共同購買について、ルノー側のパルニエらと共に事前に検討を進めていた。やれるという自信はあった。

「指名されれば、もちろんそのつもりでやる準備はあります」

そう答えると、ゴーンは満足そうな顔をして、初めて少し脱線した話を始めた。

「フランス人は議論好きで、放っておけばいつまでもやっている。そんな時は適当なところで打ち切って構わないよ」

無駄話というより、的確なアドバイスだった。

ゴーンには「自分はルノーから派遣された身だ」という意識は全くなかったのだろう。自分は日産のトップであり、その再建が使命であるという姿勢を明確に打ち出していた。

ルノーと日産の共同購買は、いわばルノーの購買コスト低減と日産の購買コスト低減という二つの目標を一手に請け負う仕事なのだが、ゴーンのスタンスは、

「私にとっては、日産の目標達成こそが重要であり、ルノーと仲良く仕事ができるかどうかなどはどうでもいい」

という立ち位置であり、とても分かりやすかった。

私が日産の役員になってからは、ゴーンＣＥＯが議長を務める会議に出席する機会も徐々に増えていった。

そうした会議におけるゴーンのリーダーシップの在り方は、最初の印象とあまりずれることはなかった。彼は大勢が集まる会議、大勢の聴衆の前では、常に決断力のあるリーダーとして振る舞っていた。

一方、当時の体制の中ではゴーンＣＥＯのリーダーシップが抜きん出ていて、他の役員との差、特に日本人役員とのギャップはとても大きかった。

結果として、まともな議論の末に結論や決断が下されるというよりは、問題の大小にかかわらず、皆がこぞってひたすらゴーンＣＥＯの了解を求めにいくような風潮がつくられてしまった。

当時、縦軸の一つとして、日本事業の運営について責任を持つ会議があった。日本は日産にとっては本拠地であり、その事業の重要性を鑑みて、ゴーンＣＥＯ自ら議長を務め、月次単位のＰＤＣＡを循環させる役割を担っていた。

会議のメンバーは議長を務めるＣＥＯを筆頭に、各部門を代表する専務から執行役員クラスという構成だった。部門をまたぐ議題についてメンバー間で議論を戦わせる場面は少なく、議長に対して各メンバーが自分の部門の置かれた状況やトピックを順番に報告する時間が大半だった。

この形はラウンドテーブル方式と呼ばれ、採用している会社はほかにもあるだろう。しかしこの時間が大半を占めるとなると、意思決定のための重要な会議というより、それぞれの役員がＣＥＯの関心を引くため、あるいはＣＥＯから自分たちの施策の理解、サポートを得るための会議になってしまう。

私がこの会議体のメンバーになった二〇〇三年はゴーン改革でＶ字回復を遂げ、次のフェーズに差し掛かっていた頃だ。当時、日産は徐々にそんな様相を呈し始めていたのである。

ゴーン改革の当初は、課題解決のために部署や役職を度外視して選抜されたメンバーで構成するチーム「ＣＦＴ（クロスファンクショナルチーム）」が活発に活動し、それぞれが自分の部署の利益を主張し合うような旧来型の議論に真っ向から挑む提案が積極的になされていた。

それらの提案は議論され、実現され、日産の復活に大いに貢献したわけで、ゴーン自身もその活力をうまく活用していたといえるだろう。

振り返ってみれば、ゴーン自身のカリスマ性、あるいは世間の評判が上がるにつれ、周りが必要以上に彼をまつり上げる風潮がこの頃から出始めていたように思う。

ただし、ゴーン自身の姿勢は変わることなく、小人数の打ち合わせでは、聞き上手の部分も変わらなかった。

雑談はほとんどなく、相変わらず質問は鋭かった。

企画担当の副社長として実質的にナンバーツーだったパトリック・ペラタ氏はゴーンと対等の議論を展開した。彼自身、とても強いリーダーシップを発揮していた。グローバルビジネスの経営や自動車産業に関する見識の面では、全くゴーンに劣らぬ知識と実力を持っていた。二人の議論は時に激しいものになったが、議論の内容もさることながら、その姿勢には大いに学ぶところがあった。

ペラタ氏はコンセプト先行の主張をする傾向が強く、それに対してゴーンは目の前の現実を見据え、そこに歯止めをかける場面が多かった。とはいえペラタ氏が自動車の進化をより早く予測していたことは、その後の業界の変化を見れば明らかだった。

ゴーン自身、ブレーキをかけながらも、高い見識に基づいたペラタ氏の意見を局面に応じて上手に取り入れていたように思う。

第六章 ゴーンの変質

ゴーン、ルノーCEOに

ゴーン体制になって五年が経過した二〇〇五年四月、大きな転機が訪れた。ルノーと日産のアライアンスを生み出した立て役者だったルノーのシュバイツァー氏がCEO職を降り、紆余曲折の末にゴーンがルノーのCEOを兼務することになったのである。

さらに二〇〇九年からはルノーの会長、取締役会議長もゴーンが引き継ぎ、ルノーと日産のトップを兼任する体制になった。

この兼務体制に対しては、特にガバナンス（企業統治）の面から様々な意見があった。後日談として聞くところでは、ゴーンとシュバイツァー氏の間でも様々な議論、あるいは意見の食い違いがあったようだ。

ただし、日産に身を置く者としては、全く見知らぬ人間がいきなりルノーのCEOになるよりは、日産で一緒にやってきたゴーンが兼務する方が安心できると考えていたのも確かだった。

資本からみればルノーが支配的な力を持つ構造になっているにもかかわらず、アライアンスとしてイコール・パートナーシップの下で対等な関係を築いてこられたのは日産側のリーダーであるゴーンの力と姿勢、それに対するシュバイツァー氏の理解とサポートがあったからだと私は思っている。

ルノーのＣＥＯという影響力の強いポストに、わけの分からない第三者が就任することへの懸念も大きかった。

一方で、ゴーンがルノーのトップを兼任すると、日産のゴーン体制にどんな影響があるのかについては、正直なところ誰にも分かっていなかった。

改めて考えてみれば、やはり二社のトップを兼務する体制はかなり無理があり、ゴーンのリーダーシップの強みだったハンズオン（経営、マネジメントに直接深く関与する）の姿勢、クロスファンクショナルチームに代表される社内の声を丁寧に聞く姿勢の維持に相当負荷がかかったのではないか。

二社のトップを兼務するようになった後、日産のトップとして日本国内で過ごす時間がかなり減ったことは明らかだった。結果として、ゴーンの下で仕事をしていた私たちは日産のゴーンＣＥＯとしての経営スタイルに変化を感じ始めていたことを覚えている。

ゴーン本人と現場との距離は徐々に遠くなり始めていた。反比例するようにフランスで過ごす時間が徐々に増え、その頃にゴーンは家族を含めた本拠地をパリに戻したのだった。

日産のＣＥＯに就任した当時は家族と一緒に日本に住み、その様子がテレビで紹介されることもあった。一家そろって日本の暮らしに慣れようと努力している様子も見て取れた。

それから五年。ゴーンにとって、日本の日産で勝負するぞという気合を入れてきた日々が一段落した時期だったといえるだろう。

ケリーの人事

ゴーンがルノーのCEOを兼務することになった二〇〇五年四月、それまで日産の改革を共に進めてきたペラタ氏も上席副社長（製品企画担当）としてルノーに戻ることになった。当時、ゴーンはルノーの立て直しという大仕事を任されていた。日産のV字回復からの成長は目を見張るものがあったが、ルノーはやや停滞感があったと記憶している。ゴーンがルノーの再活性化のために右腕のペラタ氏の力を必要としたのは十分理解できるが、一方で残された日産経営陣の力量ではペラタ氏の抜けた穴はどうしても埋められなかったのだから、日産としては大きな痛手を受けたのも確かだった。

二〇〇八年にはそれまでルノー出身の役員が務めてきた日産のCEOオフィス担当の役員に、日産出身のグレッグ・ケリーが任命された。ゴーンがルノーのCEOを兼務することになった時と同じように、日産側ではおおむね好意的に受け止められたが、歴史的に振り返ればこの人事も日産にとって、いやゴーンにとっても大きな転機になったといえるだろう。

ケリーは米国の大学を卒業した後、米国で弁護士を経験し、一九八八年北米日産に入社している。日産では人事畑を歩んできた。

一九九〇年代のケリーは、特に目立つ存在ではなかったと思う。ゴーン体制になり、さらに北米がゴーンCEO直轄になってから、北米の事業改革に腕を振るい、頭角を現したのである。

その時代、私との接点はほとんどなく、私もケリーという人物をよく知らなかったが、北米事業の統括を私が引き継いだ際は、彼がとてもよくサポートしてくれた。ちょうど北米日産の本拠地をロサンゼルスから工場のあるテネシー州ナッシュビル郊外に移したばかりで、移転に対する従業員の反発や抵抗が噴出し、辞めてしまう者も相次ぐなど大変な時期だった。内部的な揉め事、リーダー層の刷新といった厄介な課題に私が直面した際、ケリーは人事、法務担当として大変良いサポートをしてくれたし、私としても管理部門の専門家として大いに彼を頼りにしていた。

そのケリーが二〇〇八年、日産のCEOオフィス担当役員に任命されたのだ。それまでルノー出身者が独占してきた重要ポストだ。そこに初めて日産の生え抜きが就任したのである。私も日産の業績が復活したおかげで、これからアライアンスの関係が対等になっていく証であると感じ、この人事を歓迎した一人だった。

しかしゴーンにとっての環境の変化として、このケリーの人事を振り返ってみると、ゴーンが不正に走るきっかけになったともいえる重大な出来事だったと思えてくる。

それまでCEOオフィス担当役員といえば、ルノーのナンバーツーだった一九九〇年代後半のゴーンを知り、それぞれ独自にルノー側とのパイプも持っている人ばかりだった。日産のトップに君臨するゴーンにとって、昔の自分を知り、ルノーとも通じている人たちは少々うるさい存在だったに違いない。

そういう目障りな存在が自分の周囲から遠ざかり、代わりにゴーンを日産再生のカリスマ的なヒーローと仰ぎ見るケリーがその任に就いたともいえる。

実際に事件が起きたことを踏まえて振り返るからいえることではあるが、ある種のダムが決壊し、ゴーンが日産の中で「お山の大将」になっていく転換点になったように思う。

ペラタ氏のリーダーシップ

二〇〇五年に私が欧州事業の統括責任者になった人事は、前任のペラタ氏の意向によるものだった。

これまで述べてきた通り、私は購買部門が長かった。マトリクス組織でいえば横軸にいたわけだが、購買の仕事はグローバルにやらないと通用しない面があるため、縦の仕事をしている人たちから見れば比較的話のできる相手だったのではないか。

購買以外の部門は、縦軸の人たちから見れば「日本でごちゃごちゃやっていて、あまりオープンではない」という感じだっただろう。そういう状況の中で、ペラタ氏は「ヨーロッパのヘッドにはサイカワがいいんじゃないか」と私を指名したのではないかと思う。

人事が内定した時、日本にいるヨーロッパ通の日本人たちが寄ってきて、あれこれささやいていった。

「ヨーロッパ担当だって？　大変だね」

「まあ、適当にやったらいいよ」

「どうせ向こうに人がいるんだからさ。あんたが一生懸命やる必要はないんだ」

彼らの言葉の行間にある思いは、

「日産という会社は、マトリクスの横軸でもっているんだ」

「今や外国人天国になっている縦軸に時間を割く必要などない」

「こっちからコントロールすればいいんだ」

実際、そこに活路を見いだそうとする人たちがまだかなりいたのである。

しかし私は、自分がヘッドとしてヨーロッパに乗り込んでいって、本社ヅラをして「ここはこうすべきだろう」といった調子でコントロールしようとしたら絶対にうまくいかないと分かっていた。

欧州統括を担当していた頃のペラタ氏にはグローバルの商品企画というもう一つの大きな役割があり、普段は日本にいて、毎月一週間ほどヨーロッパに出向いて会議の議長を務めていた。彼が欧州統括を退く直前、パリにある欧州日産の本部で引き継ぎを受けた。

私は議長を務めるペラタ氏の横で副議長のような顔をして会議の成り行きを見守った。

朝から夕方まで一日がかりのハードな会議を二日間みっちりとやる。欧州事業にかかわる商品を決める会議、販売戦略を決める会議など、いろんな会議を経て、最終的に最も上位の会議体で重要事項を決めるのだ。

会議に集まるのは正式メンバーだけで二十人ほど。ヨーロッパ各地域の人、さらにヨーロッパの各部門の人たちが来て、提案や報告をする。日本人がこれだけの人数で集まったら、まず会議にならないのだが、ここでは本気で議論するから会議になるのだった。

ペラタ氏はとにかく人に話をさせるタイプのリーダーだった。その代わり、相当に細かい部分まですべて聞き取る。とてもフェアな議長で、力で押し付けることは絶対にしない。ただし、とても強い意見の持ち主でもあるから、簡単には納得しない。それで延々と議論することにもなるのだが、最後はしっかりと決めるのである。

その引き継ぎの会議でも、こういう車にしよう、こういう車を提案しようなどといろんな意見が出たのだが、最後はペラタ氏が、

「じゃあ、これで行こうか」

と決断し、後任の私の顔を見て、

「サイカワサン、これでいいかな」

と一言。それで決定したのだった。

マトリクス全体で見れば、欧州日産という縦軸の会議なのだが、ここだけで一つの会社ほどの規模になるから、欧州という縦軸の中にも横軸の生産や購買、開発、マーケティングの担当がいて、それぞれのボスにつながっているわけだ。

例えば、乗用車に関しては日産には強いブランドがあるのだが、商用車は決して強くない。商用車はルノーに相乗りして効率重視でやるか、やはり日産独自でやるか……。そこでしばしば揉めていた。

経済的合理性でいえば、ルノーに乗っかった方が得をするわけだが、やはり日産はモノづくりの会社だけに「自前でつくりたい」と考える人が多いのである。

私が引き継ぎを受けた会議でも相当に揉めていたのだが、ペラタ氏がうまくまとめて裁定を下した。見事なリーダーシップだった。

裏を返せば、その会議体は強い求心力を持っていたのである。みんながそこで提案するために集まってくる。その会議に諮《はか》れば、ペラタ氏がちゃんと決断して決めてくれるし、否決されても残された課題ははっきりする。意味のない、会議のための会議などではない。

そこでうまく会議を仕切れる議長であれば、

「この人、ボスだよな」

と衆目が一致する。ボスがパリに来ている一週間ですべてを決めてくれるから、残りの三週間はちゃんと仕事を仕込んでおこう……という具合にＰＤＣＡ（計画、実行、評価、改善）が回るのだ。これはなかなか効率の良いプロセスだと思ったが、決める方は大変なのだ。

国際的なビジネスの場では、

「日本人は何も決めない」

と陰口をたたかれることが少なくない。彼らに言わせれば、日本人の口癖は、

「じゃあ、もうちょっと検討してみようか」

だそうだ。議長としては最悪ではないか。「日本人は何も決めない」というのはまさにその通りだし、私も「上位に立つ日本人が好んで使う英語」があることに気づいていた。

「ビー・ケアフル」

というフレーズだ。「注意してやってね」では、何の意味もなさないではないか。そんな言葉を連発するうちに「決めない上司」というようなイメージができあがっていく。

旧世代と新世代の境目に当たる私前後の世代では「ビー・ケアフル」的なフレーズはまだまだ頻繁に使われていた。とにかくダラダラと何も決めない。決断が遅れ、時間的に追い込まれてから決めることになる。そんな場面が多かった。十分な議論をする時間など残っていないため、結局は極めて拙速に決めてしまう。しかもそこに透明性はないのである。

欧州統括から北米統括へ

私が欧州を統括していた時代の組織については先に少し触れたが、ここで詳しく述べておきたい。

私直属の幹部会議のメンバーは四人。一人はルノーから来たフランス人で管理全般を担当した。もう一人は開発担当で、日本から来た部長クラスの日本人。ヨーロッパでは英国工場が強いため、生産担当は英国人。販売についても日産は英国が強いため、英国出身者が販売のトップを務めた。つまりフランス人、日本人、英国人二人の計四人である。

会議が始まる前に、その四人と事前の打ち合わせをやり、会議終了後も集まって、

「今日はちょっと決め方が荒すぎたかな」

「あの件は後のフォローが必要かな」

などと整理しておくのである。

私の補佐をしてくれた管理担当のフランス人、ドミニク・トルマンはとりわけ優秀な男だった。彼もゴーン改革の貢献者で、ゴーンが日産に送り込まれた当初の二〇〇〇〜〇一年には日本にいた。

銀行出身のトルマンは日本流にいえば「経理財務の専門家」で、フランス人だがニューヨ

ーク育ちで英語はペラペラ。当時の日本ではあまり機能していなかったＩＲ（投資家向け情報）に精通し、まだ部長クラスの若手だったが日本人を巻き込んで良い仕事をした。その後、個人的な事情でヨーロッパに戻ったのだが、やはりルノーではなく、日産の仕事をしたいというので、欧州日産に移っていたのである。私の配下でも素晴らしい働きをしてくれた。

私の欧州統括時代は二〇〇五年から〇六年にかけての二年間だったが、トルマンのような部下にも恵まれ、マネジメント面は非常にうまく行った。

一方、北米日産が大変な状況になっていた。北米は日産にとって重要な収益源だったため、改革の当初からゴーンが自ら北米統括を務めていた。彼がルノーのＣＥＯを兼務するようになった後は、まずパリでルノーを見なくてはいけないし、もちろん日本では日産を見なくてはならない。さらに日産の大事な柱である北米もある。さすがのゴーンもフランス、日本、米国の三ヵ所を毎月回るのは大変だったに違いない。

ゴーンの力をもってしてもなかなかうまく管理できず、業績も芳しくなく、さらにゴーン自身の体力が持たなくなってきた。このあたりで、北米を誰かにやらせたいという状況だったのだろう。ちょうど、そのタイミングで私がヨーロッパでそれなりの成果を上げた。ゴーンにとっては渡りに船だったかもしれない。

「サイカワサン、こっちをやってくれ」

ゴーンから命じられ、私の責任は欧州統括から北米統括に移り、二〇〇七年から二〇〇八年のリーマン・ショックまで務めた。

米国にもドミニク・トルマンが来てくれて、私の配下のナンバーツーとして活躍してくれた。ヨーロッパに比べると、米国は別の意味で大変だったと思う。

私の経験上、米国人は最も難しい人たちだ。日本人と同じようなところがあって、米国の中でしか仕事をしたことがない人がたくさんいる。もちろんインターナショナルの共通語である英語を話せるという利点は持っているのだが、決してインターナショナルではないのだ。

北米統括時代、北米日産から日本の日産本社に異動していたケリーも米国を知るベテランとしてよく協力してくれた。

振り返ってみれば、私の周囲には優れた外国人がいた。

まず仕事上の先輩として気脈を通じたペラタ氏がいた。彼がルノーに戻った後も頻繁に連絡を取り合う関係は続いた。ペラタ氏とゴーンの距離より、ペラタ氏と私の距離の方が近かったのではないかと思う。

ペラタ氏とは畑の違う経理財務の専門家としてドミニク・トルマンがいて、そこにケリーが加わった。後にケリーはゴーンと同じタイミングで逮捕されることになるが、当時はケリーも含めてみんな信頼できる相手だと思っていた。

当時、ルノー一筋でずっとフランス国内で勤務している人たちは、やはり日本の「マルドメ派」と同じように、実にフランス的でオープンではなかった。その中には「おれたちルノーの方が親会社なんだけどな」と思っている人も大勢いたわけだ。

一方でペラタ氏やトルマンのような人たちもいて、実際に存在感も大きかった。彼らはいつも前向きな言葉を発した。

「ルノーの保守層は気にしなくたっていいよ」

「ああいう人たちはいずれいなくなるか、残ったとしても、まともな若手が現れて引っ張っていくよ」

おかげで私たちの会話はいつも明るかった。

振り返ってみれば、ペラタ氏、トルマン、それに後述するフィリップ・クランたちは仕事上の同志だという感覚が強い。

ルノーにおけるゴーン

日本でゴーンを見ていた方々には意外に思えるかもしれないが、ルノーにおけるゴーンの存在感は、日産におけるそれとは全く違っていた。

日産では「カリスマ」と呼ばれたが、ゴーンがルノーで発揮するリーダーシップは決して

「カリスマ」と呼べるものではなかった。

特にゴーンと一緒にルノーから日産に送り込まれた第一世代の幹部の多くは、必ずしもゴーンに対してイエスマンではなかった。時には大胆に批判的な意見を言い放つ連中も少なくなかったのである。

それに比べて第二世代ともいえる時期になると、その様相は一変した。ゴーンCEOが文字通りの「カリスマ」としてまつり上げられ、周囲との距離はどんどん離れていった。少なくとも私はそう感じていた。

ペラタ氏がルノーに戻った二〇〇五年四月、同氏が担当していた商品企画の分野はルノーから来たカルロス・タバレス氏が、欧州事業統括は私がそれぞれ引き継ぐことになった。新たに副社長になったタバレス氏も私も、ゴーンCEOとの距離という点ではペラタ氏とは比較にならないほど遠く離れていた。

タバレス氏は後に仏自動車大手グループPSA（旧PSAプジョー・シトロエン）のCEOを経て、グループPSAとFCA（フィアット・クライスラー・オートモービルズ）の対等合併で生まれた多国籍自動車メーカー、ステランティスの初代CEOに就任する。

その経歴が示す通り、タバレス氏は当時から大変有能なリーダーだったが、ペラタ氏のように、時にはゴーンに耳の痛い直言をしても許される関係ではなかった。

スパイスキャンダルの痛手

少し時間は飛ぶが、日本が東日本大震災に見舞われた二〇一一年、パリではルノーをめぐる通称「スパイスキャンダル」が大きな話題になっていた。日本では断片的な報道にとどまったため、ご存じない方も多いだろう。

二〇一一年一月、EV（電気自動車）に関する機密情報を外部に持ち出したという嫌疑でルノーの幹部三人が解雇された。ルノーは二〇一〇年夏から社内調査を進めていたのだ。ところがその後の調査によって産業スパイの証拠は見つからず、ゴーンCEOが「冤罪だった」と三人に謝罪する事態になった……。

スキャンダルの概要をかいつまんで述べればそういうことになるが、事件の詳細、背景など、今になっても不可解な点の多い事件だ。

重要なのは、結果としてルノーのトップがしっかりと事実確認をせずに解雇したことがフランス社会の中で大きな非難の的となり、三人の幹部に濡れ衣を着せた責任を取ってペラタ氏をはじめとする経営幹部が辞任した点にある。

当時ペラタ氏はCOO就任から二年経過し、ナンバーツーとして采配を振るっていた。

ペラタ氏はすでに同年三月、三人の解雇が冤罪であったと発覚した時点で辞意を表明していた。当時の報道などを見る限り、社会の批判の矛先はむしろルノーのトップであるゴーンに向いていたと記憶しているが、結果としてはゴーン会長兼ＣＥＯではなくペラタＣＯＯが辞任することになった。

こうした事態がパリで起きている最中に、日本では東日本大震災が起きたのだった。地震の規模はマグニチュード９・０、最大震度７の激しい揺れ、湾岸を襲った大津波などによって、死者・行方不明者合わせて二万二千人以上にのぼる大災害になった。東京電力福島第一原子力発電所の事故も発生した。

私は当時ルノーの取締役も兼務しており、三月時点でスパイスキャンダルに関する状況報告は受けていたが、震災が発生した三月十一日以降は日本国内で震災対応に追われ、情報のアップデートが十分にできないまま事態が進展し、ペラタ氏の辞任ということになってしまった。

先にも述べたように、私にとっても真相の分からない事件だが、フランスのメディアの論調は概ね次のジュリアン氏の語るような事であったかと思う。

「当初、ゴーン氏は社員や仏政府の意見、世論などにおもねる必要はないと信じ、力ずくで自らとペラタＣＯＯの留任を推し進めることができると考えた。だがその後、彼は誰かを犠牲にしないと自らが留任できないと知り、ペラタ氏の辞任を受け入れた。この背景に、社内や仏政府の意向（圧力）があったのは間違いない」（毎日新聞パリ支局の福原直樹氏によるフランスのシンクタンク「ジェルピザ」のベルナール・ジュリアン所長へのインタビュー、週刊エコノミスト二〇一一年五月二十四日号掲載)

ペラタ氏は二〇〇五年に日産から離れた後もルノーの上席副社長、COOとして存在感を増し、ルノーにおいても、日産においても「ゴーンの後継」に最も近い存在だった。ゴーンにとっては日産リバイバル時代からの盟友であり、経営者としての見識においても、自動車業界のプロとしても、自身と肩を並べる存在だった。

真実がどこにあるのかは別として、このスパイスキャンダルの収拾のためにペラタ氏がルノーを去ることになってしまった。結果的にゴーンに直言できる人間がいなくなり、ゴーンの孤立がさらに深まったのだった。

振り返ってみると、このゴタゴタの前後あたりから、ルノー内でフランス政府との交渉を担うアドバイザー役の存在が大きくなり、結果として特にルノーにおけるゴーンのリーダーシップに陰りが見え始めた気がするのである。

二〇一八年にゴーンが不正事件で逮捕された後、クーデター説が喧伝され、フランスで私が悪者にされてしまった時、誤解を解くためにパリでペラタ氏が大いに動いてくれて大変助けられた。

「おれはこんなやつを守るためにルノーを去ったたってことか?」

ゴーン不正が明るみに出た頃、熱血漢ではあるが、めったに人の悪口を言わないペラタ氏がそんなことを言ったと伝え聞いた。盟友にして右腕だったペラタ氏からもこんな言葉が出たことをゴーン本人は知っているのだろうか？

ゴーン体制の下で推進された日産の改革、ルノー・日産のアライアンスの在り方は、二〇〇〇年以降の自動車業界、いや産業界全体の在り方にまで影響を及ぼす勢いと先進性を備えていた。しかし五年、十年とたつうちに、進化という意味における将来のビジョンを描く力に陰りが出てきたように見えた。

そんな中でゴーンを取り巻く側近のメンバーが世代交代もあって様変わりし、ゴーン自身が周囲から孤立し、いわゆる「裸の王様」になりやすい状況が少しずつでき上がっていったのだった。

ゴーン政権を延命させた危機

二〇〇八年秋にリーマン・ショック（米住宅バブルの崩壊で同年九月十五日に米投資銀行リーマン・ブラザーズが破綻したのを機に世界的な金融危機、不況に発展していった現象）が起きた後、自動車業界は次々と危機に襲われた。

リーマン・ショックの影響がようやく癒えつつあった二〇一一年、日本は三月十一日の東日本大震災で大打撃を受け、さらに同年夏にタイで発生した大洪水で自動車関連工場の稼働がストップするという想定外の事態で追い打ちをかけられたのだった。

リーマン・ショック、大震災、大洪水……。それぞれ要因も影響も異なるのだが、経営上の成長戦略より、危機管理能力が問われることになったのだ。

かつてゴーンは瀕死の状態にあった日産をV字回復させ、徹底的なコスト削減策によって「コストカッター」の異名を与えられた。彼の経営者としての本領は逆境、逆風下で発揮されるのかもしれない。

いったん逆境を克服してマイナスからプラスに転じ、さらに成長を目指す局面に入った時、経営者はどうすべきか。成長戦略を打ち立てるには、当然ながらコスト削減とは違う次元の発想が必要になる。

危機、逆境からの再生という局面で大いに発揮されたゴーン流経営の強みが、成長局面でどのように発揮されるか？

今になってみれば疑問符を付ける人は少なくないだろうが、彼の弱点だったかもしれない能力を試される時期は、リーマン・ショックや大震災、大洪水によって先延ばしされた……。私はそう思っている。

自動車業界は二〇〇八年から二〇一一年の危機にどう立ち向かったのか、ここで振り返っておこう。

バブル状態から急激に需要が落ち込んだのはリーマン・ショックが起きた二〇〇八年秋

で、大震災と大洪水によってサプライチェーン（原材料や部品の調達から製造、物流、販売、消費までの流れ）が突然寸断、破壊されたのが二〇一一年だった。

そんな状況の下では、まず短期的には在庫圧縮を含め、キャッシュフローの健全化に注力しなければならない。そのために大胆な生産調整が必要になった。それに加えて日本の被災、タイの水害の際には、当然ながら速やかな供給側のサプライチェーンの復旧も急務だった。

今で言うＢＣＰ（事業継続計画。自然災害やテロ、大規模感染などの緊急事態が起きた場合、重要な事業を継続させるための方法や手段をまとめた計画）の観点から、企業の耐性を試されるような想定外かつ大規模なダメージを受けたわけだが、自動車業界を挙げてこれらの課題に取り組んだ結果、比較的短期間で回復し、通常の軌道に戻すことができた。

その中でも、日産の対応は機敏で、思い切った策を打てたと思っている。一九九〇年代後半に陥った経営の危機的状況からの脱却の経験が生かされたともいえるだろう。

そこで指揮を執ったのはゴーンだった。おかげで危機は脱した。しかし危機を脱しただけであって、ゴーン体制はやはり行き詰まりつつあったのである。危機的状況があったため、その行き詰まりが表面化するまでに時間がかかったにすぎない。

行き詰まり

行き詰まり現象の予兆は、中期経営計画「日産パワー88」が再開した二〇一二年度には早くも現れていた(当初「日産パワー88」は二〇一一～一六年度を対象としたが、震災などで中断していた)。

二〇一二年度といえば、震災や洪水による落ち込みから収益が回復し、次なる成長、進化のステージに入った段階だ。当時、日産は業界に先駆けて電気自動車「リーフ」の量産、量販に踏み切っていた。量的な成長だけでなく、次世代に向けた移行期として、目指すべき目標、姿をはっきり示すことが求められた時期だったと思う。

初代の電気自動車「リーフ」は、ゴーン体制下の日産が二〇〇九年に発表し、二〇一〇年末から業界に先駆けて量産、量販に乗り出した。自動車ファンのみならず、世間一般にも大きなインパクトを与えたから、ご記憶の方も多いだろう。

ハイブリッド車(ガソリンを燃料とするエンジンと電気を動力源とするモーターを組み合わせた自動車)で先行するトヨタの姿が目の前にあった中で、EV(電気自動車)で一歩先を狙うという戦略はボトムアップ的な議論ではなかなか生まれにくく、次世代への準備としてゴーンCEO主導のトップダウンで決まり、内外から注目を集めた。

経営者は量的拡大を目指すだけでなく、業界の進化を先取りしていく必要がある。将来ビジョンを持つべきなのだ。私自身、大いに触発された。

ところが、せっかく「業界の進化を先取り」したにもかかわらず、発売後は「量的拡大」という旧来の思考回路に戻ってしまった。ゴーンCEOの大号令の下、日米欧それぞれのマーケットで販売台数競争の様相を呈することになったのである。

確かにEVの先駆者としての存在感をアピールするには、販売台数の拡大が最も分かりやすかった。しかし、本当は次世代への準備としての議論をもっと進めなくてはならなかったのだ。

初期、普及期のユーザーからのフィードバック（顧客体験データ。実際に乗った人の「ここが良い、悪い」といった意見や感想）を分析し、EVがどう使われているのか、充電スタンドなどインフラ整備の重要性などを議論することこそ重要だったのである。

しかし、すべては台数論議の前にかき消されてしまった。

当時のゴーンがお山の大将ではなく、ゴーンに直言できる右腕のペラタ氏がいた二〇〇〇年頃のリーダーシップの在り方であれば、将来への備えのための議論ははるかに深まり、具体的な施策にまでつながったのではないか。もう手遅れだが、残念でならない。

こうして振り返ってみて気づいたことがある。

一九九九年十月に発表した再建計画「日産リバイバルプラン」に始まり、計画を実行して

V字回復を遂げてから二〇〇五年ぐらいまでの間と比べて、二〇一〇年以降に会議などでゴーンが発した言葉があまり私の記憶に残っていないのである。

日産リバイバルの五年間はゴーンが述べた言葉、ゴーンとペラタ氏の間で交わされる議論の一つひとつが、私たち社員や役員にとって示唆に富み、今後の指針になることが多かった。

一方、特に二〇一二年以降はペラタ氏が完全に去ってしまったこともあって、中身のある議論が大きく減り、その代わり、ゴーンの歓心を買おうとする提案や議論が増えていった。現場から遊離し、取り巻き連中にたてまつられ、周囲からは孤立していく……。ゴーン体制の後半の経営的な行き詰まりは、この頃から徐々に始まっていたのである。

ゴーンの不正に対する調査、捜査の結果を見ると、やはり裏ではこの時期から様々な不正行為が行われていた、あるいは行われ始めていたのが分かる。ごく限られた取り巻き連中にまつり上げられ、現場から遠くなっていたことは、経営の行き詰まりと不正行為の両方に共通する背景として非常に大きかったといえるだろう。

本来なら、二〇〇〇年代前半に日産がV字回復を遂げて国際企業として発展していく中で、CEOのゴーンだけでなく、ペラタ副社長をはじめとするオープンで進取の気性に富む経営陣が見せたリーダーシップは、他の日本企業や次世代のリーダー層にとって貴重な財産、指針になったはずだ。

しかし後の経営的な行き詰まりのせいで、その財産に傷がつき、ゴーン本人による数々の不正の発覚という決定的なショックですべてが色あせてしまった。今の日本企業や若いリーダー層にとって学ぶべきことがたくさんあったのに……。残念でならない。

日産にとってルノーとは

ここで日産にとってルノーはどんな存在であり、ゴーン体制にどんな影響を与えたのかについて、折々に私の目にどう映ったか、私の視点から整理しておきたい。

あらかじめお断りしておかなければならないのは、ルノーが日産に出資した当初、私は経営の中枢から離れた欧州にいたということだ。つまりルノーと日産のアライアンスの誕生を遠い現場から見ていたにすぎない。経営者としてではなく、現場の見方、感じ方、解釈を述べることになる。

最初の出資からいくつかのステップを経て、ルノーが日産の株式の四三％を保有し、日産はルノーの株式を一五％保有するが議決権は持たないという形になった。

欧州日産の一マネジャーだった私はこう思った。

「そうか、これからはルノーが日産を支配するんだな」

実際、アライアンスの重要事項を管理するため、オランダにルノーと日産の合弁会社「R

「ＮＢＶ」を設立した。出資比率は半々だが「議長はルノーのＣＥＯが務める」とアライアンス契約で定められていた。そもそもアライアンスの構造は、対等な関係を前提とするものではなかったのである。

ルノーが一九九九年に六千億円を出資してくれたおかげで日産は破綻を免れた。救済してもらった日産が対等の立場を保持できるはずもない。それは誰にも分かる話だったが、実際のところ、どのように支配されるのかについては、特に現場の人間はピンと来ていなかったのである。

ゴーンが日産のＣＯＯに就任したのは一九九九年六月。同年十月には日産リバイバルプランを発表している。そこからルノーによる日産支配が始まったという見方もできるかもしれないが、ゴーンチーム主導の下で仕事が始まってみると、支配されているという空気は全く伝わってこなかった。

ゴーンチームの活動の焦点は次の一点に集約されていた。

「いかに日産を復活させるか」

ルノーとの関係についてのスタンスも、

「日産の復活にルノーとのシナジー（相乗効果）を活用する」

と明快だった。

ゴーンは社内に向けて、次のように号令をかけた。

「ルノーがどう言おうと鵜呑みにしてはいけない。日産のためになるかどうか。そこを見極めることが重要だ。役に立つと思えばうまく使えばいい」

実際、ゴーン以下、ルノーから送り込まれた経営陣の多くがそうした姿勢で動いていた。少なくとも現場からはそう見えた。

こうしたゴーンの言動はフランスにも伝わっていたはずだ。それをルノーの経営陣がどう見ていたかは正確には分からないが、もっとルノー側の意向や事情を考慮して行動すべきだと考えていた向きも少なくなかっただろう。

ルノーの経営陣とゴーンチームの関係が悪化せず、問題が表面化しなかったのは、当時ルノーのトップに君臨していたシュバイツァー会長の存在が大きかったと思う。シュバイツァー氏は日産の再生を最優先に考え、ゴーン体制を強力にバックアップしていたのである。

やがて日産の業績が急回復し、ゴーン体制に対する国内外の評価も急上昇した。日産の時価総額はあっと言う間にルノーの時価総額を上回ってしまった。

ルノーは当初、大株主の立場でまず日産の回復を第一義として協力し、社員のモチベーションを上げるために対等な関係のアライアンス精神で臨んだが、実質的に対等な関係へと変容せざるを得なくなったという見方もできる。

日産の内部から見れば、業績の急回復はゴーン体制のおかげであり、ルノーから派遣された若手経営陣も完全に「日産の利益が重要」という立場で仕事をしていたから、ゴーンとゴーン体制への支持が大きく広がっていった。

ゴーン体制の初期は、ルノーとのシナジーとしてエンジンの相互融通（ガソリンは日産、ディーゼルはルノー）をはじめ、お互いの得意分野を生かした補完関係の構築、ルノーと共同で立ち上げた会社「ＲＮＰＯ」による共同購買など、相互協力の成果は目覚ましく、大いに注目を集めた。

その後はルノーから見れば、常に日産が気になるが、日産にとってのルノーは必ずしもそうではない……という状態になっていった。

日産の事業にとっては、まずは独自の成長が最優先で、しかも成長の重点は北米と中国に置かれ、ルノーとの協業は欧州市場向けの商品化に限定されるような時代が続いた。

ルノーにとっては、日産との協業のメリットが生み出される機会が減っていってしまうという不満、あるいは不安が徐々に大きくなっていたのではないか。

そうした状況が続いたため、ルノーの大株主であるフランス政府としては、ルノーがアライアンスのメリットをさらに享受するためにはプロジェクトごとの協業ではなく、両社の部門を丸ごと統合した方がいいと考えるようになったのだろう。そうなれば日産の開発陣、技術陣の能力をルノーの商品開発やプロジェクトに活用できる。

その考えをさらに推し進め、両社を経営統合してしまえばルノーはより大きなメリットを享受できるのではないかという思惑がフランス側に広がっても不思議はない。それでフランス政府や社外取締役からルノーに対する圧力が強まっていったのではないか。

そんな中でアライアンスの責任者としてのゴーンの舵取りも実効性のある策をじっくり仕込むというより、フランス政府やフランスの実業界の実力者が並んでいるルノーの社外取締役向けに体裁を整える方向に傾いていったのではないかと思っている。

フランス政府が二〇一四年に制定した通称「フロランジュ法」（フランス政府など株式を二年以上保有する株主に二倍の議決権を与える）の施行に当たって、フランス政府、ルノー、日産の間で三すくみの交渉（詳しくは後述するが、結果としては、むしろ日産の拒否権的な部分が強化された）が始まり、ようやく落着した後はフランス政府がルノー会長兼CEOのゴーンに「日産とのアライアンスを不可逆的なものにせよ」と要求するなど、アライアンスの将来をめぐる論議が延々と続く時代に入ってしまった。

こうした状態は私がCEOに就任した二〇一七年以降も続き、やがてその流れの中でゴーン事件を迎えることになったのである。

第七章 圧力

逮捕当日、午前のできごと

二〇一八年十一月十九日にゴーンが逮捕される少し前の状況を振り返ると、フランス側では政府からルノーやゴーンに対して「日産とのアライアンスを不可逆的なものにせよ」との圧力がさらに高まっていた。それに対するゴーン一流のジェスチャーの意味もあったのだろうが、長年かけて培ってきた両社の協力関係とは正反対の動きが相次いでいた。ゴーンの主導によって、ルノー・日産の両社にまたがる組織や責任者が乱造され、現場に大変な混乱が生じ、ゴーン批判の声が高まっていたのである。

ゴーンの不正が発覚してから逮捕までの間は、捜査当局との関係で厳しい情報統制を敷く必要があったため、ルノー側にはこうした状況はいっさい連絡していなかった。だからルノー側にしてみれば「ゴーンの不正発覚」「逮捕」と知らされて、こんな疑念が湧いたのではないか。

「ゴーンが不正？　逮捕？　なぜ突然そんなことに……。やはり日本側にゴーンはずしの陰謀があるのではないか」

ゴーンが逮捕された二〇一八年十一月十九日当日夜に開いた記者会見では、現役の会長による不正という重大事案への対処が当面の課題であり、それまで懸案になっていたルノーと日産の関係に関する議論、双方の意見の違いなどとは全く異なる問題であると私は強調し、少なくとも日本側では一定の理解を得たと思っていた。

しかしフランス側にどう伝えるかが大きな課題だった。

社長兼ＣＥＯである私自身がすぐさまフランスに飛んでルノーに赴き、取締役会のメンバーに直接説明したかったのだが、日産本社で対応すべき問題が山積していたため、信頼していたフィリップ・クラン副社長（最初期にルノーから日産に送り出されたメンバーの一人で、一九九九年から二〇〇三年まで日産のゴーン体制の下でＣＥＯオフィス担当の腹心として働いた。その後ルノー、日産の要職を歴任し、二〇一四年からは日産の副社長兼ＣＰＬＯ（チーフ・プランニング・オフィサー）として復帰していた）を私の名代に指名し、その日の夜行便でパリに飛んでもらった。

「フィリップ、君に重要な役目をお願いするよ。取締役会のメンバーや主要な経営陣と直接会って、丁寧に事情を説明してきてくれ」

「オーケー、サイカワサン。できるだけのことはするよ」

実はその日、ゴーンが逮捕された二〇一八年十一月十九日の午前中、私はクランと一緒にあるイベントに出席していた。在日フランス商工会議所の創立百周年を記念する「日仏ビジネスサミット」が東京・大手町の日経ホールで開かれたのだ。

このイベントのために、ルノーの名誉会長だったルイ・シュバイツァー氏がフランス外務省の顧問のような立場でアニエス・パニエ＝リュナシェ仏経済・財務副大臣とともに来日していた。

私は式典に先立って、シュバイツァー氏と久しぶりに顔を合わせて、しばらく懇談した。副大臣とクランも同席して四人の会話だったから、昔話に花が咲くといった調子ではなかった。「サイカワはルノーと日産の将来に対してネガティブな発言をしている」などと喧伝されている最中だったが、シュバイツァー氏は穏やかな話しぶりで、

「ミスター・サイカワ、アライアンスの発展を願っているよ」

といったトーンで終始した。私にとってシュバイツァー氏は是非とも味方になってほしい人である。ゴーン会長の不正が発覚したこと、東京地検特捜部による聴取あるいは逮捕が想定され、今夜から大騒ぎが始まる可能性が高いこと。切羽詰まった状況をすべて打ち明けたかった。しかし捜査当局が絡んだ案件だけに、のどまで出かかった言葉をのみ込むほかなかった。

ビジネスサミットはシュバイツァー氏の基調講演で始まった。日本とフランスはお互いから学ぶべきことがまだたくさんある。しかし日本とフランスには言葉の壁がある。共通言語は英語だが、英語を学ぶには少なくとも一年間は海外で過ごさなくてはならない。日本はもっと海外に学びにいく学生を増やし、英語に習熟した学生を多く育ててほしい。そうなれば日仏のコミュニケーションがさらに深まるだろう……。全くその通り、大変印象的な講演だ

った。

続いて私が登壇し、大きな変化の波にのみ込まれつつある自動車業界の現状についてスピーチした。電気自動車（EV）へのシフトのほか、自動運転などについても言及し、従来の自動車産業のように、車は売るだけ、買うだけ、運転するだけの製品ではなくなり、車を売った後のことまでカバーしなければならない……といった話をした。ルノーという単語は口にしたが、ゴーンという固有名詞は使わなかったように記憶している。

私は横浜のグローバル本社に戻り、夜のレセプションの出席はクランに任せた。シュバイツァー氏や副大臣は「社長のサイカワはなぜ出席しないのか」と疑問に思っていたかもしれない。そのレセプションの最中に「ゴーン逮捕」のニュースが出席者の間を駆け巡ったのだった。

クランがシュバイツァー氏をはじめ要人たちに「ゴーン逮捕」について説明してくれた。先に述べたように、クランは私の依頼を受けて「オーケー、サイカワサン。なんとか収拾させるよ」と応じ、その足で空港に向かい、フランス行きのエア・フランスに乗ったのだった。

後でクランから報告されたのだが、レセプションの場で彼から説明を受けたシュバイツァー氏はその場では納得してくれたそうだが、内心ではどう感じていただろうか。その日の午前中に私と笑顔で懇談していたのである。「サイカワはゴーンの状況について一言も自分に言わなかった」と思ったはずだ。

日仏ビジネスサミットとゴーン逮捕が同じ日に重なってしまったのは全くの偶然で、もし仮に一日ずれてゴーン逮捕後に日仏ビジネスサミットが開かれ、そこでシュバイツァー氏と私が再会していたならば、もちろん混乱はしたはずだが、私から直接、丁寧に説明できただろう。そうなっていたら、後の展開の中でシュバイツァー氏からのサポートがもっと早く得られたかもしれないし、今に至る彼と私の関係も違ったものになっていたに違いない。

その日以来、シュバイツァー氏とは直接話をしていない。

彼は大叔父にノーベル平和賞を受賞した「密林の聖者」こと、アルベルト・シュバイツァーを持ち、実存主義の哲学者ジャン＝ポール・サルトルは親戚に当たる。日本では「策士」と見る向きもあったが、私から見ればお世話になった先輩であり、ビジネスマンとしての厳しさと同時に、高い品格と教養を持ち合わせた方だと思っている。一九九〇年代末に破綻しかけた日産にとっては、自立路線による再生をサポートしてくれた恩人であることは間違いない。

いつか直接話をして、これまでの経緯を説明する機会を持ちたいと思っている。

「悪者はサイカワ」の悪評

さて、ゴーン逮捕の後、ルノー取締役会のメンバーに事情を説明するため、フィリップ・クランをパリに送り出したところに話を戻そう。その後数日にわたって、クランは実によくやってくれた。彼の報告によれば、当初のルノー側の反応は次のようなトーンだった。

「わざわざ飛んできてくれてありがとう。いやあ、お互いに大変だな」

ところが、わずか数日の間に風向きが一変した。

つい四年前までルノーの副社長だったクランでさえ、ルノーの要人と会えない状態に陥ってしまったのだ。パリにいるゴーンの取り巻きが法務部門などをコントロールして、次のような指示を出したのだ。

「(状況確認に正確を期すため) 日産との連絡はすべて弁護士を通すように」

すべて弁護士を通しての情報提供しかできず、どこまで正確に伝わっているのか分からない状態になってしまった。

アライアンスを組んでいるパートナー同士なのに、通常のコミュニケーションが取れなくなってしまった。クランはその後も重要人物とはほとんど接触できないままだった。

初動の段階ではルノーの幹部は理解を示してくれたのに、なぜこんな事態になってしまったのか。背後にゴーンの取り巻き連中の動きがあったらしい、というのは後で分かったことで、当時は全く訳が分からず、戸惑うほかなかった。

これも後になってから聞いたことだが、私の記者会見から間を置かず、日産内部の一部の日本人が次のように発言したことが外部に伝わったようだ。

「ゴーンがいなくなってよかった。これでルノーとの強引な経営統合を避けられる」

この不用意な発言がフランス側に伝わってしまい、結果として、今回の不正摘発は意図的にゴーンはずしを狙ったもので、いわゆる「クーデター」であると匂わせるトーンで伝わったのだと思う。

日本の広報に問いただしたところ、もちろんそんなことは一切言っていないとのことだった。しかし現地には日産のメッセージとして伝わっていたらしい。誰がそんな発言をしたのか、少なくとも日産本社内部の日本人から出た話が元であるのは間違いないと私は思っていた。とにかく記者会見で述べた私のメッセージを徹底するように、広報にきつく言い渡した。

当時の日産のグローバル向け広報の責任者Aは米国人で、ゴーン会長に付いて回っていたからほとんど日本にいなかった。私とAの関係が悪かったわけではなく、ゴーンの不正にAが関与した事実もなかったようだが、ゴーン逮捕後、Aは日本に寄り付かなくなり、やがて退職してしまった。

ゴーン体制になって以来、海外向けの広報は欧米出身の役員が務め、日本の広報担当はその下で日本ローカルの案件を扱うという役割分担が常態化していたため、欧米までは手が回らず、グローバル向けにまで一貫性のある発信ができなかった。

それで「日産の声」の中に、私が伝えたことと全く相反する雑音が紛れ込む隙を与えてしまったのである。

なにはともあれ、誤解を正さなくてはならない。しかし当時のルノーの経営陣はゴーン会長兼CEOと彼以外の役員との間にかなりの距離があり、私が腹を割って話せる信頼できる人物はいなかった。

日産の取締役会からも手元の調査結果などの情報をルノーの取締役会メンバーに伝えようと努力したのだが、直接コミュニケーションをとることはできず、常にルノーの弁護士が間に入ることを求められた。結果として、ルノーの弁護士の評価フィルターにかかった情報だけがパリ側に伝わることになってしまったのである。

そんな状況が続き、日産として有効な打開策を講じられぬまま二〇一八年の暮れを迎えた。その頃、パリにいる元ルノーの友人から連絡をもらった。

「フランスではクーデターまがいのゴーンはずしの首謀者として、サイカワサンが悪者扱いされていますよ。早くなんとかしないと……」

当時、日本国内でゴーン事件については、

「日産のガバナンスに問題があった」

という論調が主流になっていた。そういうご指摘なら真摯に受け止めるが、欧米のメディア、特にフランスでは全くトーンが違っていたのである。

前述したように日産の広報は日本側の対応に追われ、欧米のメディアまで目が届かず、ほとんど有効な手を打てずにいたが、多くのフランス人の友人たちの勧めもあって、私が年明けにフランスの経済紙「レゼコー」のインタビューを受けることになった。

私は改めて事件の概要を説明し、次のように強調した。

「今回の案件はゴーン個人による不正の摘発であり、ルノーと日産の将来に関する議論とは全く異なる問題です」

どうやらフランス政府の中でもすっかり「悪者はサイカワ」ということにされていたようだが、このインタビューで風向きが少し変わった。その後、パトリック・ペラタ氏の協力などもあってフランス政府の誤解は徐々に解けていった。

折しもゴーンに代わるルノーの会長にフランスのタイヤ製造大手ミシュランCEOのジャン＝ドミニク・スナール氏が推薦され、ようやく話のできる相手がルノーにやって来ることになった。

ルノーの大株主であるフランス政府が事態の正常化のために動いてくれたのは大変ありがたかった。ルノーとの込み入った話は、取締役会議長に就任したスナール氏と直接やり取りできるようになり、ゴーン逮捕から三ヵ月余りも迷走状態にあったルノーとの関係修復に向けてようやく動き出せたのである。

もちろんスナール氏のルノー会長就任によって順風満帆になったわけではなく、アライアンスについて、あるいは資本関係をどうしていくかなど、事業上の方向性については意見の相違もあり、厳しい議論をすることになるのだが、ゴーン逮捕後三ヵ月余りの異常な状態はそうした議論とは全く次元の異なるものだった。

二〇一九年二月にはルノーでもゴーンの不正が発覚し、さらにオランダにあるルノーと日産の合弁会社「ＲＮＢＶ」を舞台にしたゴーンの不正も摘発され、ルノーと日産が協力して不正に対応する状況が整い、現在に至っている。

スナール新会長との出会い

「レゼコー」紙に私のインタビュー記事が掲載され、ペラタ氏らによるサポートも功を奏して、二〇一九年一月後半にはフランス政府もゴーンの不正そのものに目を向けるようになった。クーデター説そのものが雲散霧消したわけではなかったが、私に対する一方的な「西川＝クーデター主犯説」はやや影を潜め、ルノー内部の混乱の収拾、日産との関係修復を第一に考えるようになってきていた。

そんな中でスナール氏がルノーの会長候補に指名され、一月二十四日に正式に任命される運びになったのである。

私はスナール氏の会長就任前から公式、非公式を問わず、様々な場面で対話を重ね、就任後の二〇一九年二月の段階では互いの理解はかなり深まったという手ごたえを得た。

初めて会った時、スナール氏はまだミシュランCEOの立場にあった。私の発したありきたりの挨拶の言葉「イット・イズ・ソー・ナイス・トゥ・ミート・ユー」が、実は心の底から字義通りの気持ちだったことはよく覚えている。スナールさん、あなたに会えて本当に良かったということだ。

スナール氏も私に対して威圧的な態度を取るようなことはなく、むしろざっくばらんに、

「サイカワサン、これから私たち二人でルノーと日産の関係を素晴らしいものにしていこう」

「ゴーンの時代はもう終わったんだ」

という意味のことを繰り返し語ってくれた。

ルノーがゴーンの退任とスナール氏の会長就任などを発表した二〇一九年一月二十四日、私は日産の横浜本社で開いた記者会見でスナール氏について次のように述べている。

「スナールさんは非常に優れたビジネスマンであり、経験も豊富です。パートナーとして尊敬できるし、十分な透明性を持って話し合える方だと私は思っています。私自身、直接一緒に仕事をした経験はありませんが、大変に尊敬できる人物であると認識しています。（記者に配布したプレスリリースには）『（ルノーが発表した人事を）全面的に支持します』と記しましたが、むしろ『歓迎』ですね。こういう変化を歓迎したいと私は思っています」

ルノー、日産、三菱自工の三社は二〇一九年三月十二日、横浜の日産本社で記者会見を開き、今後のアライアンスの運営方針を説明した。二〇一八年十一月にゴーンが逮捕されて以降、三社の首脳が顔をそろえて記者会見に臨むのは初めてだった。ルノーのジャン＝ドミニク・スナール会長、同じくルノーのティエリー・ボロレCEO、日産社長兼CEOの西川、三菱自工の益子修会長兼CEOの四人が会見のテーブルに並んだ。

会見はスナール氏が口火を切った。

「今日はアライアンスにとって非常に特別な日です。三社によって交わされた合意についてご紹介したいと思います。この合意は将来的にアライアンスを強化するものです。私たちは再び力を結束していくことで合意しました」

スナール氏は晴れやかな調子で、アライアンスの戦略を決める新しい会議体「アライアンス オペレーティング ボード」の設立を発表した。ルノーの会長とCEO、日産のCEO、三菱自工のCEOの四人を中心に構成し、議長はルノーの会長が務める。

スナール氏は次のように続けた。

「このボードがアライアンスのオペレーションとガバナンスについて監督する唯一の機関になります。『RNBV』『NMBV』に代わる唯一の機関になるのです」

RNBVはルノーと日産が合弁でオランダに設立した会社で、ゴーンに悪用され、不正の温床になった苦い経緯がある。NMBVはその日産・三菱版だ。

スナール氏はいくつか重要な発言をしたが、その中でもマスコミが注目したのは、

「私は日産の会長になろうとは思っていない」

という一言だった。

私も次のように発言した。

「これが本当の意味のイコールパートナーシップです」

「スナールさんは日産の新しいガバナンスへの移行を尊重してくれています。従来のように『ルノーの会長が日産の会長を務める』ことをあえて求めないなど、大変ありがたいと思っています」

ゴーン時代は、ルノーの会長であるゴーンが日産取締役会の議長を兼務していた。実は新体制に向けて、この点が日産内では大きな問題になっており、スナール氏と私の間でも何度も議論になっていた。

ルノーは日産の四三％の株式を持っていた。ルノーの会長が日産の取締役会の議長を兼務しないという決定に対しては、フランス側では強い向かい風があったはずだ。

彼がそれを受け入れてくれたのは「ゴーン時代は終わった」「ルノーと日産の関係を素晴らしいものにしていく」という姿勢があったからこそだと思っている。

日本側の想像を超える抵抗を受けただろうが、スナール会長は新しい路線を堅持してくれた。このスナール会長の姿勢と日産のガバナンス改善特別委員会の強い意向が、二〇一九年

六月の「指名委員会等設置会社」への移行につながったといえる。

ちなみに日産の新制度は三委員会（指名委員会、報酬委員会、監査委員会）制度という当時としては経営と執行の分離が最も進んだ形だった。社外取締役主導で取締役候補の指名、職務上の監査、報酬の三分野を異なる委員会で管理する制度だ。社外取締役が過半数を占め、取締役会議長には社外取締役であるＪＸＴＧ相談役の木村康氏が就任し、ゴーン時代からは大きく変わることになった。

一方で、スナール氏とはルノーと日産の将来の形について意見の相違もあり、激しい議論になることも多かった。ただ、それは視点の違いによる側面が大きかった。

私の主張は相手がゴーンだった頃と変わらず、経営統合は日産の強みやアイデンティティーの喪失につながる……という懸念に基づいていた。

スナール氏はそうした私の見方には理解を示すのだが、彼は全く違う角度から考えていた。つまり「ルノーと日産」対「外の勢力（あるいは外の資本）」という見方で、将来的に経営基盤の強化を最優先で考えることが必要という意見であり、フランス側で議論されていた経営統合もその観点から意味を持つ、というものであった。

ルノー内部の強権派の考え方とは次元の異なる思考であり、百戦錬磨の欧州の経営者の見識だったと思う。

残された禍根

日産との関係修復と同時に、スナール氏のリードの下、ルノーは徐々にゴーン時代の残像から抜け出し、世代交代も進み始めた。

ただ、日産と同じように、ゴーン不正に端を発した混乱は会社だけでなく、人にも爪痕を残した。

中でもD氏が去ってしまったことは、象徴的な出来事として今も記憶に残っている。私だけでなく、日産の日本人幹部たちも厚い信頼を寄せていた人物だ。

ヨーロッパ側でゴーン不正の調査、追及が始まった頃、ルノーと日産が共同でオランダのRNBVを調査することになった。

この合弁会社の当時の運営責任者がD氏だった。彼はルノー出身ではあるが、日産側とも協調して仕事ができる実務派として、双方から信頼されていた。一方、ルノー側にいるゴーンの取り巻き連中にとっては、自分たちの言いなりにならない目障りな存在だったと思う。

ゴーン逮捕後、ルノーと日産による外部弁護士を入れたRNBVの共同調査が始まる際、そのD氏がしっかりと役割を果たしてくれた。

共同調査をするという合意ができていたにもかかわらず、ルノー内ではゴーンの側近主導で、まずルノー側で調査を進めるという動きがあったらしい。D氏は頑としてそれを許さず、後に始まった第三者の弁護士の立ち入り調査に委ねたのだそうだ。

そのあたりの詳細については正式な報告を受けたわけではないが、後の共同調査でルノーやRNBVを舞台としたゴーンの不正が暴かれたわけだから、D氏が体を張って第三者の弁護士に調査を委ねたのは大変意味があったと思う。

その頃からルノーと日産の間の疑心暗鬼は徐々に解消していった。互いに協調して不正を摘発し、関係を修復していく方向に進み始めたのだった。

とはいえ、D氏の姿勢は当時のルノーの社内、特にゴーンの取り巻き連中から執拗に批判されたようだ。結局D氏は孤立し、彼はルノーを去ることになってしまった。

もしスナール氏の下で体制整備が進み、ルノー内の刷新が進んだ後であれば、D氏がルノーを去るような事態にはならなかったのではないか。ルノーにとっても日産にとっても、D氏のような貴重な人材を失わずに済んだのではないかと大変残念に思う。

ゴーンの不正によってダメージを受けたのは日産だけではない。恐らくルノーの社内でも、日産と協力して将来を切り開いていこうと考えていた幹部、D氏のような優れた人材のモチベーションを深く損ない、大きな禍根を残してしまったのではないかと思っている。

その後、コロナ禍をはさんで数年越しの交渉になったが、ルノーと日産は二〇二三年に資本関係を対等なものにすることで合意した。ルノーの日産に対する出資比率を四三%から一五％に引き下げ、日産からルノーへの出資比率と同等にすることが合意されたのである。

そこまでこぎ着けられたのは新経営陣の頑張りがあったからだ。ルノー、日産ともに、新しい経営陣の下、ゴーン事件で受けた傷が徐々に癒え、より前向きに、将来の変化、進化への備えが進んでいくことを期待している。

第八章 退社まで

塙義一元社長から学んだこと

塙義一さん（一九三四〜二〇一五年）は、日産がルノーから出資を仰ぐ前の最後の社長である。ルノーのシュバイツァー氏と話をつけ、ゴーン以下の新経営陣にすべてを委ね、きっぱりと日産を去った。そんな潔い人物だった。

私から見れば、塙さんは二十年以上先輩に当たる。人事、北米事業、経営企画、という当時の日産の主流、いわば王道を歩み、誰もが社長候補と認めるエリートだった。若い私との接点はほとんどなかったし、私が塙さんの目に留まることもなかっただろう。

そんな塙さんと初めて接点ができたのは一九九二年のことだ。私が唐突に社長付の秘書課長に就任したのである。社長は久米豊氏の後を受けて就任した辻義文氏。塙さんは副社長だった。

私はいわゆる秘書課長的なタイプの人間でもないし、キャリアの面から見ても全く畑違いだった。当時は会長、社長、副社長とその秘書たちがエグゼクティブフロアにいたのだが、私一人だけが浮いていて、完全に異物扱いされていたという自覚がある。久米会長が社長であった時代からのメンバーも多く、私には彼らはまだバブル期のムードを引きずっていたように感じられることもあり、そのペースにはまらないように心がけていた。

恐らく塙さんからも、変わったやつ、あるいは生意気なやつが来たと思われていたのではないかと思う。

塙さんは一九九六年、辻氏の後を受けて社長に就任した。同時に私は実業の現場に戻り、一九九八年には欧州日産に行ったため、塙さんとの接点はほとんどなくなっていた。

辻社長の時代にコストを引き締めた結果、収益はやや回復基調になっていたが、塙さんの時代になるとアジア金融危機などさらなる環境悪化が重なり、あっと言う間に経営危機に追い込まれてしまった。

それで結局一九九九年、ルノーからの資本注入による立て直しという事態を迎えたわけだ。ゴーン体制に移行し、私が役員になったころには、塙さんはすっぱりと日産を辞していたから、話す機会はほとんどなかった。

ところが時代は下って二〇一五年、すっかりご無沙汰してしまっていた私を塙さんがわざわざ訪ねてきてくださったことがある。フランスのフロランジュ法を巡って、マクロンチーム、ルノー、私による三すくみの交渉が世間の話題になっていたころだ。

当時はゴーン体制下で長らくナンバーツーの地位にあった志賀俊之氏（一九七六年日産入社）がCOOを辞めた後で、私が実質的に日本人のトップとして交渉に参加していた時期だったから、うわさを耳にして訪ねてきてくださったのだと思う。

辻元会長は二〇〇七年、前任の久米元会長も二〇一四年に亡くなっており、社長経験者で存命なのは塙さんただ一人になっていた。

「君たち、ちょっとはずしてくれるかな」

人払いをして私と差し向かいの席に座った塙さんは、改まった調子で話し始めた。

「西川君、君は日産の将来を左右する重要な交渉を進めることになるね」

「はい。心して臨みます」

「これまでゴーンは日産のために素晴らしい仕事をしてくれた。それは感謝すべきだし、彼はこれからも日産にとって重要な人物であることに変わりはない。ただし……」

塙さんは眼鏡を押し上げ、私を真っすぐに見て続けた。

「ただし、本当に日産の将来を一番に考えられるのは西川君、君だよ。そのつもりでやってくれると期待しているよ」

将来を託せるのはゴーンではなく君だ。そういうことを言われているように感じた。同じような期待の言葉を随分前の一九九八年、私が欧州に赴任する際、当時の辻会長から突然いただいたことを思い出した。

塙さんから見れば、生意気な若造にすぎなかったはずの私に、そこまで腹を割って話してくださったことはもちろんありがたいと思ったが、その言葉の重さが胸にずしりと響いた。容易ならざる仕事を託されたのである。

それまで私が塙さんに抱いていた「そつのないエリート」のイメージとは全く違う腹をく

くった話し方で、経営者としての塙さんの迫力を感じた瞬間でもあった。

マクロンチームとの交渉

塙さんが訪ねてきた当時、私はフランスのフロランジュ法を巡る議論の渦中にいた。ここで当時のことを振り返っておこう。

二〇一五年当時、日産のトップはゴーンだった。そのゴーンの指名で私が日産を代表してフランス政府との交渉に当たることになった。ゴーン本人はルノーのCEO兼会長という立場でこの件に当たる必要があり、自分以外に日産を代表して意見を述べる人間が必要であった。

前年成立したフロランジュ法を適用すれば、フランス政府はルノーに対して従来の二倍の議決権を得ることになる。日産はフランス政府の影響が強まることを懸念していた。

当時、日産とルノーのトップを兼ねていたゴーンはこんなことを言った。

「こういう事態になった以上、やはり日産としても心配だ」

「日産として、ちゃんと意見を言った方がいいと思う」

それで白羽の矢が立ったのが、この私だったのである。日産の取締役会のメンバーであり、ルノーの社外取締役も務めていたからルノーの事情もよく知っている。

「サイカワサンはフランス人の部下もたくさんいるから、フランスでもよく知られている」

そんな声もあったようだ。

私一人ではなく、チームを組むことになり、そのメンバーもゴーンが決めた。

「サイカワサンはインターナショナルだから、もう一人日本的な考えを持つ日本人がいた方がいいだろう」

ゴーンの言葉通りではないかもしれないが、そういう趣旨で選ばれたのが今津英敏監査役だった。ルノーをよく知る西川と、日本流のモノづくりの専門家である今津のコンビはバランスがいいと思われたらしい。そこにテーブルをひっくり返すようなことを言ってしまうかもしれない役としてグレッグ・ケリーが加わった。

さらにハリ・ナダも入った。ナダが私のスタッフとして仕事をするのは、この時が初めてだったと思う。

当時はまだ塙さんと話をする前なのだが、どういうスタンスで交渉に臨むべきか、少々迷っていた。

少なくともゴーンは立場上いろいろと言いにくいこともあるだろうし、ここは日産代表としてストレートな物言いをした方がいいだろう。そう思って、

「ゴーンさん、日産としてストレートに物を言う。そういうスタンスで行きますけど、問題はありませんよね」

とだけ念を押しておいた。

二〇一五年当時、フランスの経済・産業・デジタル大臣は、後にフランス大統領になるエマニュエル・マクロン氏だった。マクロン大臣の配下に、国家出資庁（ＡＰＥ。政府として重要な民間企業に投資、管理する官庁）のマルタン・ビアル長官がいた。当時ビアル氏は出資庁長官であると同時に、出資先のルノーの社外取締役でもあった。

政府から社外取締役が三人ほど入っていたのだが、その中のトップがビアル氏だ。ルノーの経営に対するお目付役ともいえる存在で、フロランジュ法の問題については、まず一義的にはビアル氏が政府の意見を代表する立場になるのだった。

当然、彼が私の話す相手でもあった。フランス政府の高官であり、また大株主であるフランス政府の代表としてルノーの取締役という立場も持っていた。

彼はなかなか老獪なベテラン官僚であり、自分は決して直接交渉の前面には立たなかった。

結局、ビアル氏の下にいる出資庁の面々が出てきて、私たちは彼らと直接話をすることになった。

いずれにせよ、彼らはマクロン大臣の直属の部下であり、私たちはマクロンチームと直接議論したということになる。

二〇一五年五月ごろ、日産側のチームがパリに集合して、どんな方針で臨むか、事前の打ち合わせをすることになった。私は他の仕事に忙殺されていた時期で、あまり準備をせずにその会合に臨んだ。

当時のルノーは「日産は自分たちへの影響を心配して、様々な懸念をフランス政府に伝える」と想定していただろう。それを踏まえて、ルノーとしては、政府のプレッシャーを押し返すための材料として、フランス政府の関与が強まることに対する日産側の心配、あるいは懸念を使いたいという思惑があったと思う。

それは私も承知のうえだったが、それはそれで日産にとっても悪くないと思っていた。しかし、完全にルノーの操り人形になるつもりもない。とにかく、少し相手の様子を見てから方針を決めようと思っていた。その時点では。

ところが米国からパリに飛んできたグレッグ・ケリーに、準備会合で妙な印象を受けた。しきりと「ミスター・ゴーンはこう言った」とか「ミスター・ゴーンはこうしてもらいたいようだ」といった発言をするのだ。

「ああ、あいつはゴーンの威光を笠に着て、このチームを仕切ろうとしているな」

私はそう思った。

相手はフランス政府だ。どんな形であれ、日産を代表して話をする時に「ゴーンさんはこう考えているから……」を連発しているようでは話にならない。日産としての考え方、発言がなければバカにされるだけである。

むろん、この時点でケリーがゴーンの威光を笠に着る姿勢を露骨に見せたわけではないのだが、彼はその後、日産よりゴーンこそが大事で、日産はそのための存在であるというスタンスを日に日に強めていくのである。

「ケリーに仕切らせるのはまずいな」

と私は直感し、意識的に自分が前面に出ることにした。それ以降は、完全に私の仕切りで会合を進めた。二回目、三回目の打ち合わせの際は、ケリーに連絡はするが、

「別に米国からわざわざ来なくたっていいよ」

と付け加えるのを忘れなかった。

今津氏は「決まったことは確実にやる」というタイプで、日本人としての意見を繰り返し主張していた。

マクロンチームとの交渉が正念場を迎えるころから、交渉には私とハリ・ナダの二人で臨むことが多くなっていた。欧州日産の法務スタッフや弁護士事務所の人たちはいたが、今津氏やケリーは不在のことが多かったと記憶している。当時は折に触れて、私がルノー取締役会の重鎮を呼び出し、日本側の考えなどを説明するように心がけた。かなり長丁場の交渉だったのである。

直談判

マクロン大臣と唯一、接点があったのは二〇一五年十月、当時のバルス仏首相が来日した際に開かれたレセプションパーティーだった。

日本の経済産業相は欠席されていたが、経産省の上級の高官が出席していた。

私はその方と事前に立ち話をした感触から「フランス政府がルノーに影響を与えるのではないか……と日産が心配していますよ」ぐらいのことはバルス首相に言ってもらえるかなと期待して、成り行きを見守っていた。

バルス首相のほかに、マクロン大臣も来ていた。彼らの周りにいろんな人が集まって話をしているのだが、同行メンバー以外にも在日のフランス関係者が多く、日本人がおいそれと割って入りにくい状況になっていた。しかし現役のフランス首相と管轄省の大臣が来日したのに、この件に関して誰もなにも言わなかったとなれば、

「日本ではなんの心配もしていなかったよ」

「大勢いたけど、誰も言ってこなかった」

ということになってしまう。

「これはまずいな」

当時の私は列席者の中でも一民間企業の代表に過ぎず、首相と直接言葉を交わせる立場にはなかった。もちろん面識もなかったが、お開きになる直前、バルス首相の前に行って「日産の者ですが」と挨拶し、

「日産の意見をちゃんと聞いてもらわないと困ります」

とストレートに言った。バルス首相は驚いたような顔をして、

「日産？　ああ、そうか」

と言った。

「フランスの事情が日本の企業にまで及ぶようなことがあれば、ルノーと日産のアライアンスの精神にも反します」

「やはり心配しているんだね」

「もちろん、フランスのことはフランスで決めてもらって構いませんが」

短い時間だったが、およそこんなやり取りだったと思う。

首相と私が話し込んでいるところに飛んできたのがマクロン大臣だった。日産の件は、彼にとって自分の管轄だ。「いやいや首相、うちの省でちゃんとやっていますから」という意味のことを話していたようだ。

その時、私は「日産のサイカワです」と名乗り、一言、二言、挨拶程度の会話をしたと思う。マクロン大臣は苦々しい顔をしていた。

「このサイカワという日本人……。困った男だ」

そんな表情だった。

当時の私は、彼が後に大統領になるとは夢にも思っていなかったが、非常にやり手の若い大臣だったのは間違いない。人づてに聞いたところでは「国際企業はこうあるべきだ」という確固たる信念があり、ルノーと日産に対しても「こうあるべきだ」という強い持論があったようだ。

いずれにしても、マクロン大臣にしてみれば、いきなり自分の頭越しに首相と直接話をされてしまったから、あわてたのだろう。

この出来事のおかげなのかは分からないが、その後は交渉がやりやすくなったのは確かだった。

「やはり日産の意見も聞かなくてはいけない」

フランス政府もそう考えるようになったのだ。

着地点

私とハリ・ナダがパリに行っている間は、我々がホテルの会議室を取り、そこにマクロンチームに来てもらい交渉を進めた。

会議を重ね、交渉の後半戦に差し掛かった後は、こちらから彼らのオフィスに出向くようになった。日本でいえば霞が関の経産省のようなビルがある。私たちは顧問弁護士の事務所に詰めていて、彼らと直接話をする段階になるとそのビルに出かけていくのだ。

ただし、当時、この件はかなり話題になっていたため、

「日産の連中が現れた」

と記者に知られれば、追い回されるのは分かっている。それで交渉の際は日産の車を使わず、別の車をチャーターして出かけた。

ルノーを介さず直接会話を重ねる中で、フランス政府が何を考えているのかがよく見えてきた。

フランス政府としては、別に日産をコントロールしようとは思っていないし、コントロールできるとも思っていない。ルノーが日産をコントロールすることも望ましくはないと考えているのだ。

彼らが望んでいるのは、ルノーと日産がずっと協力関係を保つことだ。

言い方は様々だったが、大体次のようなトーンだったと思う。

「ルノーと日産のパートナー関係がしっかりして継続性が保てるのであれば、それが一番大事。このまま一緒にやってくれれば、それ以上コントロールするつもりはない」

「コントロールしても、別に自分たちの利益にはならない」

外交辞令ではなく本音に近いのだろうと私は思った。

それが分かったことで、日産としては十分だった。

フランス政府が二倍の議決権を行使してルノーに対していろいろやるとすれば、ルノーには「コントロールされたくない」という思いもあるだろう。そこはフランスの中で議論してもらえばいい。

政府としてフランスの雇用や技術開発を大事にするというのも理解できる。だから、そういうことは別に要求を出してもらっても構わない。

ただし、フランスの事情が、日産の世界戦略などに影響するようなことがあると、やはり、それはまずい……。

私はそんなことを言った。彼らも理解してくれた。

結果については、以下の取締役会後の会見での公表内容（抜粋）をご覧いただきたい（発言は神奈川新聞のニュースサイト「カナロコ」二〇一五年十二月十三日付より）。

「ルノーの取締役会があり、その後、日産の取締役会を開いた。結果的にはルノー、日産の独立性と将来の企業連合のベースがそれぞれ守られる非常に良い合意ができた」

「来年四月から（フランスのフロランジュ法によって）二倍の議決権が施行されるが、フランス政府との合意で、ルノーの戦略的な問題においてフランスに大きく関与するテーマ以外では、フランスの影響力、議決権を制限する。もともとフランス政府の議決権は一七・九％

あったが、そのレベルに押さえる。ルノーとしての独自性を保持できる方向だ」

「これまでルノーは日産の議決権四三・四％を持ちながら、日産のビジネスに干渉しないということを続けてきたが、将来に向けても単純な慣行でなく、そのことを書面で合意した。そして、仮に日産のビジネスにルノーからの干渉があった場合、日産は防御する方法を持つことを確認した。具体的にはルノーの株を買い増しして、ルノーの日産への議決権をとめるという技術的なオプションを持つということ。これが非常に大きな合意点だ」

「フランス政府も必要なことはルノーに関して声を上げる。ルノーも通常のビジネスには独立性を維持する。そして、日産と企業連合を組むルノーとがそれぞれお互いの独自性を持つという慣行を書面化し、今後も確立された企業連合のベースを保ち、これから将来仕事をしていける、ということだ」

　結局、日産が何を勝ち取ったかといえば経営の独自性維持のための安全弁といえるオプションを持ったということだ。

　技術的な部分を分かりやすく解説すると、日産が二五％までルノー株の保有を高めると、ルノーが保有する日産株の議決権がなくなるということだ。つまり、いざという場合には、日産はルノーが持っている日産株を二五％まで買い増ししてルノーの議決権を止めてしまいますよ、というオプションを得たのである。

　つまり日産にとっての安全弁だ。こうしたことは将来的にはフランス政府とルノーの関係から生じるケースも想定されるが、ルノー内で既定のアライアンスの方針とは異なる、より強く日産を支配すべしという意見が主導権を握るようなことが起きた場合にも起こりうる。そうした事態に陥った際の日産の防御、安全が確保できたことが大きな意味を持った。

ルノーとフランス政府の間では、フランス政府保有の二倍議決権を行使できる場合をどのように規定するか、これはフランス政府とルノーの間で様々な議論を経て、上記に公表されたような範囲という形で既定された。

また、私はフランス政府に対して「日産から見た場合の最も大きなリスクと懸念は、将来なんらかの形でルノー保有の四三％の日産株が日産の経営の独立性を脅かすことであり、そうした事態にならないという保証こそが、将来にわたってより積極的に、健全な形でアライアンスを継続して行くうえで重要なベースなのです」と直接説明し、理解を得たことも大きな成果だった。

日産にとっては、フロランジュ法をめぐる交渉の場をうまく利用する形で、これまで日産が懸念していた根っこの部分をしっかりカバーできたのである。

それはフランス政府としても問題のない着地点だったと思う。

交渉の最中、ビアル氏が私に言った言葉を今でも覚えている。

「お互いにルノーに対する株主同士として話をしましょう」

私はこの言葉を聞いて、彼を信頼した。日産を下に見て「君たちはルノーの子会社なのだから、つべこべ言わずに黙っていなさい」という姿勢ではなかったからだ。

ゴーンには交渉の経緯を逐一報告していた。

「おお、そうか。いいんじゃないか」

ゴーンの反応はだいたいそんな調子だったが、私がそこまでやるとは想定も期待もしていなかったような気もする。

私としても、我々日産としての交渉の件が、ルノーの担当経由でゴーンに報告されることを避けるため、とにかく交渉のたびに直接ゴーンに報告することを心がけた。

「ゴーンさん、今日の交渉でここまで進みましたよ」

「そうか、そうか。分かった、分かった」

このやり取りを何度繰り返しただろう。ゴーンとしてもサイカワはこう言ってくるが、ルノーの内部には日産がフランス政府と直接話をすることを心配する、あるいは快く思わない勢力もいる……ということで、少々困っていたのではないかと推測する。

とはいえ、ルノーの第一の目的はフランス政府の圧力を押し返すことだ。日産側の懸念はそのための大きな論拠でもあった。

監視役としてのケリー

その時点でグレッグ・ケリーは完全に蚊帳の外になっていた。ゴーンとしては、恐らく私たちが日本人の身勝手な考えで暴走しないように、監視役としてケリーを入れたのだろう。しかしケリーでも抑えきれないような形で私が動いたのはゴーンにとっては想定外だっただろう。

とはいえ日産のトップとしてのゴーンCEOの立場からすれば、私にストップをかける理由はなかった。

私がフランス政府といろんな条件を詰め、日産の安全弁を確保して、最終合意にこぎ着けようとした時、ゴーンはこう言った。

「まあ、これは日産から見たら、大変良いことだ」

「ゴーンさん、おかげさまで日産の取締役会は承認の準備を整えるところまでこぎ着けました。あとはルノーとフランス政府の間がまとまれば大丈夫だと思います」

私はゴーンにそう告げた。ルノーとフランス政府の方が早くまとまるだろうと思っていたが、案に反してなかなか決まらなかったのだ。

二〇一五年十二月十一日、私は日産の取締役会を招集した。本件はルノー取締役会の承認に加え、その案に対する日産の取締役会の承認という二段階の承認が必要だった。時差があるため、できればパリ側では午前中に決着してほしいと私は思っていた。

結果としてかなり待たされたが、何とかルノーとフランス政府間の交渉もまとまった。

「ゴーンさん、ようやく決まりましたね。これで私も日産の取締役会に諮りますよ。よろしいですか」

「うん、やってくれ」

手続きとしては、まずルノーの取締役会で承認された後、日産の取締役会に諮ることになる。

ルノーと日産の取締役会を同じ日に開いている間に、ルノーとフランス政府の合意と同じタイミングで日産・ルノー間の契約の修正（拒否権の追加）まで決めることが大事だった。ルノーの法務担当をはじめ、一部には日産がフランス政府と直接話をする形の進め方を快く思わない意見もあったが、結果的にはルノー取締役会の強い支持があり、うまく進めることができた。

相談できる先輩はいなくなった

両社の取締役会、手続きを終え、即日本とのテレビ会議による記者会見に移った。パリ時間は夕方、日本では午前零時を回り、二〇一五年十二月十二日未明になっていたが、横浜のグローバル本社には報道陣が残ってくれていた。当日の会見の様子は先に引用した記事の通りである。

細かい経緯は省いて、日産として悪くない結果に落着し、日産の安全保障の面では一歩前進したといった趣旨の報告をした。

後になって考えてみると、ゴーンは日産がここまで強く出てくる必要はないと思っていただろう。しかし日産がそう主張してもおかしくはないし、フランス政府がそれを認めてもおかしくはない。ゴーンとしては認めざるを得なかったのだ。

ただ、ルノーの保守派たちの目には「サイカワは油断ならない日本人」と映ったはずだ。ゴーンにしても「サイカワは実務だけではなく、こういう交渉事もやるのか」と恐らく初めて認識したのではないか。それまで私はそういう部分を見せなかったからだ。ケリーにしても「サイカワがもっと力を持つようになると、コントロールしにくくなる」という感覚を持ったかもしれない。

いずれにしても、私がフランス政府との交渉からルノー取締役会の決着に至るまで、あれだけ突っ張れたのは、塙さんの言葉が大きかった。

「本当に日産の将来を一番に考えられるのは西川君、君だよ」

交渉の真っ最中、あの言葉を塙さんに言われてはじめて、自分がそういう立場にいることに気づいたのである。

それまでゴーンと私には相当な距離があった。ゴーンに取って代わって日産を率いることになるなど全く思ってもいなかったし、取って代わられるとも思っていなかった。

「日本人の中で、君がトップなんだよ」

塙さんにそう諭されて、ハッとした。言われてみればそうかもしれない……。振り返ってみれば、自分が背負う重い責任を感じ始めた時だったように思う。ゴーンのフランスにおける立場がさほど強くはなく、むしろ頼りなさも感じていた。ゴーンに委ねているだけでは済まない時もあるし、自分が日産を代表しなければならない場面も出てくるだろう。そう考え始めたのは確かだった。

二〇一五年の一連の私の動きは、塙さんが退任された後、久しぶりに日産の日本人役員がルノー取締役会やフランス政府と自律的に向き合ったということになるだろう。

ルノーの保守派、対日産強硬派から見れば、フランス政府と日産が直接交渉するなど想定外であり、全く望ましいことではなかったはずだ。しかし日産の圧力もルノーのフランス政府との交渉の後押しになったわけで、結果的にはルノー取締役会における私の存在感が従来に比べて相当上がるきっかけとなったのだった。

記者会見を終えた翌日、帰国便に乗り込む前、私は塙さんに携帯でショートメールを送った。

「お陰さまでうまく決着しました。ありがとうございました。帰ったら改めてご報告いたします」

「良かったね。ご苦労さま」

すぐに短い返事が届いた。

帰国後はあわただしい毎日で「塙さんに声をかけるのは来週かな、再来週かな」と思いながら数日すぎ、翌週にお会いしたいと連絡しようとしていた時、訃報が届いた。

二〇一五年十二月十八日、塙さんが亡くなった。享年八十一。当日の朝までお元気だったと聞いた。急死だった。呆然とするほかなかった。

一連の交渉を通じて、フランス政府の考え方やルノー取締役会のメンバーの考え、ルノーにおけるゴーン会長の在り方などを改めて実感し、認識を新たにしたことも多かった。そうしたことについてどう考えればいいのか、アドバイスを期待できるのは塙さんだけだった。

お会いして直接お尋ねしたいことがたくさんあったのに、もうそれはかなわない。

塙さんの前任社長だった辻義文さんも二〇〇七年に亡くなっている。日産の将来について相談できる先輩がいなくなってしまった。

塙さんが亡くなったあの日から、日産という森の中で、私の一人旅が始まったような気がする。

三菱自工・益子修さんとの共同事業

三菱自動車工業の会長兼社長を務めた益子修さんとの関係にも触れておきたい。

日産と三菱自工は二〇一一年、折半出資で軽自動車の合弁会社「ＮＭＫＶ」を設立した。最初に三菱側と食事をした時、日産側からはこの会社を担当する三人が出席した。ＣＯＯの志賀俊之氏、副社長のアンディ・パーマーと私。私は当時、マトリクス組織でいえば縦軸に当たる日本・アジア地域の事業担当だった。三菱側は三菱商事、三菱重工、三菱銀行の会長と三菱自工社長の益子さんが出席した。

三菱グループの重鎮たちの目には、日産側は「最近幅を利かせている外国人経営者と彼に従う若造たち」と映ったかもしれない。年齢も一回りほど違っていたから、そう見られても仕方がなかった。お互いに初対面の人たちが多く、さほど話の弾む場にはならなかった。

そこで初めて益子さんと顔合わせをしたのだった。三菱自工の益子さんから見れば大株主であり、先輩に当たる三菱の重鎮が居並ぶ中だったが、益子さんは様々な経験を持つ国際的なビジネスマンで、その存在感は抜きん出ていた。これから共同で事業を進めていくうえで、この人こそ信頼のおける人物だと感じた。

食事が終わってお開きになる際、益子さんから声をかけられた。

「西川さん、今後ともよろしく。またお互いに連絡を取り合いましょう」

私より学年で五つ上の先輩に当たるが、その時から益子さんとは妙にウマが合った。その後は頻繁に食事をご一緒する仲になった。いわゆる会食ではなく、週末のまったくプライベートな食事が多かった。ビジネス上のパートナーであると同時に、尊敬できる経営者の先輩としてお付き合いさせていただいた。これほど益子さんと個人的に親しくなったのは、日産では私くらいだろう。

ゴーンはその段階では三菱と深くかかわるとは考えていなかった。日産の社内でも「スズキと組んだ方がいい」という意見が強かったくらいだ。軽自動車で三菱と組んでも「弱者連合にすぎない」という見方もあった。

しかし日産の軽自動車「デイズ」と三菱自工の軽自動車「eKワゴン（三代目）」はこの合弁会社による共同開発から生まれ、今や軽自動車は日産の柱の一つに成長している。さらに両社が共同開発した日産の「サクラ」、三菱自工の「eKクロス　EV」は、軽自動車の電気自動車（EV）として話題をさらった。

当時の協力関係、もっと具体的にいえば益子さんと私の信頼関係が具体的な成果に結びついたのは嬉しい限りだ。

二〇一六年四月、三菱自工の不正が発覚する。軽自動車四車種の燃費試験で、実際より燃費を良く見せるためにデータを改竄する不正が行われていたのである。対象は三菱自工の

「eKワゴン」など二車種と、三菱自工が受託生産して日産が販売する「デイズ」など二車種だった。

あれは三菱自工が不正を公表する前日だから二〇一六年四月十九日の夜のことだ。益子さんから私の携帯電話に連絡がきた。私たちはお互いになにかあればすぐに携帯で相談する仲になっていた。

「……と、こんな不正が発覚したんだ。西川さん、全く面目ない話だが、これを公表することになる。日産にも大変な迷惑かけてしまうね。本当に申し訳ない」

「益子さん、こちらはなんでもやりますよ、お手伝いできることがあれば言ってください」

その時はそれで電話を切った。後日、改めて益子さんから相談を受けた。

「開発を一新しないとまずいんだよ」

三菱自動車の開発の内部の問題は深刻なようであった。

「開発の経験のある日産の人を副社長に迎えたいんだ。西川さん、どなたかいないかな？」

「開発ですか。もちろん、適任者がいないことはありませんよ」

私はそう答えながら、一人の人物の顔を思い浮かべていた。山下光彦氏だ。彼は日産の元副社長で開発を担当、当時はすでに日産を辞め、ルノー・日産のアライアンスの技術顧問のような立場で仕事をしていた。もちろん、その時点ではゴーンに話をしていないから、私の一存で返事はできなかった。

「益子さん、この際、例の話を進めましょうか」

「うん、それもあるよね」

益子さんとは以前から「どこかのタイミングで、お互いに資本を持ち合うか、あるいは資本提携まで踏み込んだ方が戦略的な協業を進めやすくなる」と折に触れて話していたのだった。

「開発の経験のある役員の派遣と日産からの出資を同時に進めるのであれば、至急調整に入りましょう」

と益子さんに伝えた。

前のめりのゴーン

独立した会社同士の突っ込んだ提携が成立する条件として、両社が危機感を共有していることはもちろん、双方の経営者に十分な実力があり、確信をもって経営していることが重要だ。無難に仕事をこなすサラリーマン的なトップの場合は成立しにくい。その意味で、益子さんは十分すぎる実力と定見の持ち主だった。

しかもこのケースでは、お互いに出資をするということではなく、日産が三菱自動車に役員を派遣し、出資もするということになるわけで、三菱側の調整は簡単なものではなかったはずだ。

もちろん実現するためには日産内の意思統一、決定も必要だったが、ひとつだけ気がかりがあった。

資本構造の面ではルノーが支配的だったルノー・日産のアライアンスに、大きなカウンターバランス（均衡勢力）として三菱自工が入ることで、少なくとも印象の上ではアライアンスの重心が日本に移ることになる。日産の将来の自立を担保するうえでも大いに意味があるのだが、三菱自工の背後には三菱重工や三菱商事もいるから、なおさらその印象は強まる。その分だけ、そうした動きを警戒する保守的な意見がルノーの中に出てくる可能性が高いと懸念したのだ。

一方でアライアンスが広がるのだから、むしろ歓迎すべきだと考える人もいるだろう。いずれにせよ、ルノー内部であれこれ議論が起きる前に、日産と三菱の間でスパッと決めてしまう必要があった。そのためには、どこかのタイミングでゴーンにコントロールしてもらわなくてはいけないと私は思った。

私はそのあたりの事情を益子さんに打ち明け、

「ルノー対策は、私がやります」

と伝えた。すると益子さんは、

「では、三菱グループ内のほうは僕が進めましょう」

と応じてくれた。

当時、ルノーの定時株主総会の日程は日本のゴールデンウイークと重なるケースが多かった。私はルノーの取締役でもあったから、総会に出席するため、連休中にパリへ出張することになるのだ。二〇一六年も例年と同じような日程だった。

携帯電話で頻繁に連絡を取り合い、相談を進めた。

ゴールデンウイークの後半に入る頃、私はパリでゴーンに直接この件を持ちかけた。日産内部の意見の取りまとめ、取締役会への上程の準備が主眼だったが、同時にルノーが反対するのを防ぐための根回しの意味合いも強かった。

「うん、それはいい話だな。マスコがそう言うのだったら、それでいいよ」

ゴーンは身を乗り出して私の話に聞き入り、三菱との資本提携の話に乗ってくれた。もともと益子さんとゴーンの関係は良好で、ゴーンは、

「三菱グループは非常に保守的なイメージが強いが、マスコだけは話ができる。マスコはいいね」

と言っていたくらいだ。益子さんとしてはゴーンのやり方に違和感を覚える場面もあっただろうが、三菱の事情や考え方を丁寧に説明しながら、良い関係を築いていた。今度は逆に益子さんと私がゴーンからあおられる側になった。

「いいか、サイカワサン。こういうことは早く決めた方がいいんだ。連休が明けたらすぐに

発表だ」

「いやいや、ゴーンさん。いくらなんでも連休明けは早すぎますよ。せめてあと一週間ください」

「ダメだ。電光石火でやるんだ。さもなければ、私が先に発表してしまうぞ」

私はすぐ益子さんに連絡した。

「益子さん、ゴーンさんが前のめりになっているんですよ。一週間も待てないって。申し訳ありませんが、急いで三菱の方をまとめてもらえませんか」

「よし、分かった」

益子さんはさすがにやることが早かった。

「三菱自動車が社内不正で揺れているのを見て、規模の大きな日産が三菱自工を飲み込もうとしている」

そんな声が社の内外から聞こえてくる中で「そもそも、もはや三菱自工は単独では勝ち残れない」という確信の下、三菱グループの意見を取りまとめるのにさほど時間はかからなかったのだろう。それでも五月十二日の発表にはギリギリセーフのタイミングだった。

十二日の発表では、日産が二千億円出資し、三菱自工の三割強の株式を取得して筆頭株主になり、三菱自工の再建に協力するという案を打ち出した。

この時の日産の発表の仕方を外部から見れば「資本提携はゴーンと益子氏の交渉によって

成立した」という形になり、実際にそう報じられて話題になった。もちろん、その方がインパクトも話題性もあり、当時の企業のPR戦略としては的を射ていたと思う。ただ、本当のところをいえば、この交渉は益子さんと私が起案し、益子さんは大株主である三菱三社の了承を取り付け、私は日産のトップであると同時にルノーのトップでもあるゴーンの了承を得たということだ。

発表の際も記者から「資本提携の案はどちらから出たのか」と質問があった。誰がどう答えたかはっきり記憶していないが、実際には私と益子さんの間で以前からそうした議論をしており、この機会をとらえて提携を深めようという話がどちらからともなく出たのがきっかけだった。

三菱自工は五月二十五日、副社長に日産元副社長の山下光彦氏、三菱東京ＵＦＪ銀行の池谷光司専務執行役員、三菱商事出身の白地浩三常務執行役員の三人が就く人事を発表した。会長の益子さんは日産の出資を受け入れるまで、暫定的に会長兼社長となることも発表された。

当時、私が心配していたのは、益子さんが折に触れて「辞めたい」と口にしていたことだった。

「益子さん、そんなこと言わないでくださいよ。辞めちゃダメです」

「西川さんは若いからさ、西川さんがいれば大丈夫だよ」

「いやいや、益子さんがいるからこの資本提携は成立しているんですからね。いったん落ち着くまでやってもらうしかないですよ」

そんな話を何度もした記憶がある。

ゴーンは相変わらず「マスコがいいよ。社長を続けてほしい」という意見だった。それで益子さんは社長にとどまることになったのだが、一方で会長は誰が務めるのかという議論があった。

私はその件に関してゴーンとあまり話さなかった。いずれ彼が決断するだろう。私がやってもいいし、ゴーンがやってもいい。そんなふうに思っていた。

ある日、いきなりゴーンが宣言した。

「おれがやるよ」

「やるって?」

「三菱自動車の会長だよ」

今になって思えば、あれも一つのターニングポイントだった。そこから先はかなり三菱に迷惑をかけてしまった。

会長の権限を大きくし、三菱自動車の会長室のようなものをつくって、人事や報酬などはすべてそこで決めるといった事態になって、結局、そこがブラックボックスになってしまったようだ。

いったん歯車がそちらに回り始めた時には、ゴーン会長とそのスタッフで決めて「サイカワはもういいよ」となり、私の手を離れてしまったのである。益子さんには大変申し訳ないことをしてしまった。

その後も益子さんとは折に触れて何度も話をした。アライアンスの重鎮として、日産を含めた次世代人材の育成に力を発揮していただくつもりだったからだ。しかし、益子さんは、

「もう辞めたいんだよ」

と同じ言葉を繰り返した。

「益子さん、まだ元気なんだから辞めることはないですよ。ほかに頼りになる人もいないんですから、よろしくお願いしますよ」

と、強引に慰留したこともある。その時点ですでに益子さんは自分の体の異変を察知していたのかもしれない。だから引退するつもりだったのだろう。

私が退任する直前の二〇二〇年一月の週末、益子さんご夫妻と食事をした。全くのプライベートで、店もいわゆる町の中華料理屋さんだった。

益子さんの奥様の智子《のりこ》さんは私の妻弘子より若い世代だが、二人とも気が合い、お互いの夫抜きでも話をする間柄だったこともあって、仕事の話抜きの気楽な食事になった。

「益子さん、辞めないでくださいよ」

そう言い続けてきた私が先に辞めることになってしまったわけだが、私が雑談の成り行き

で「益子さんまで辞めてしまうとみんなが困るから頑張ってください」と言った時、益子さんがポツリとこぼした。

「なんかね、西川さんがいなくなっちゃって、つまらないんだよね」

将来の事業展開の構想などを話す相手がいなくなってしまうことを言っているのかな、と私は思っていた。

後に奥様からうかがったのだが、益子さんはその時すでに相当体調が悪かったようだ。それでも無理をして休みの日に都合をつけ、私たち夫婦との食事に付き合ってくれたのだ。

その後私は退任した。顧問にも残らず、日産からまったく離れた立場になった。少なくとも公私の「公」の部分では気安いお付き合いはすべきでないと考え、私は遠慮していた。そんな中で益子さんの方から声をかけてくださった。それで「今度、食事をしましょう」などと話していたのだが、益子さんの体調がいま一つで延び延びになっていた。

そうこうしているうちに益子さんが突然入院され、三菱自工の会長を辞任されることになった。

ある日、入院先から電話をいただいた。

「声が出なくてうまく話ができないんだ。申し訳ないね」

「退院されたらお会いしましょう」

それが最後の会話になった。益子さんは二〇二〇年夏、決して弱音を吐かない頼りがいのある先輩のまま、心不全で亡くなった。

日産と三菱の連携に関していえば、日産と三菱自工が発売した軽自動車「日産サクラ」と「三菱eＫクロスＥＶ」が「二〇二二―二〇二三　日本カー・オブ・ザ・イヤー」を受賞した。授賞理由として「日本独自の軽自動車規格を採用し、現実的な車両価格でバッテリーＥＶを所有するハードルを下げ、日本でのバッテリーＥＶ普及の可能性を高めた」などが挙げられた。

投資環境が厳しい中で、私は日産を去る間際まで、益子さんと「軽自動車のＥＶプロジェクトだけは、なんとかモノにしたいですね」などと話していた。それを引き継いだ経営陣と日産、三菱自工の両チームが頑張ってくれた結果だ。日本はＥＶ化競争で世界に大きく後れを取ってしまったが、その中で久々といえる明るい話であり、私にとっても非常にうれしいニュースだった。

関潤、グプタという二人の後輩

益子さんの話はもう聞けなくなってしまった。残念でならないが、益子さんと私の下で共に汗を流し、経営者としてのセンスを磨いた後輩もいる。

一人は日産の副ＣＯＯから日本電産に移り、ＣＥＯまで務めた関潤氏（一九六一年生まれ）。もう一人は三菱自工ＣＯＯから日産のＣＯＯに転じ、ゴーン事件後の業績を黒字化させた立て役者のアシュワニ・グプタ氏（一九七〇年生まれ）だ。

関氏はもともと日産で生産技術の専門家としての道を歩んでいたが、たまたま私がモノづくり全体の統括の担当になった頃、生産部門の若手リーダー的な存在だった関氏と顔を合わせる機会が多くなった。彼は生産部門の代表ではあるが、事業全体あるいは会社全体の観点から意見を述べることもあり、優れたビジネスセンスを発揮するようになった。

彼は徐々に経営陣から注目される存在になっていった。そんな中で私がアジア事業全体を担当していた二〇一四年には、中国の東風汽車との合弁会社「東風汽車有限公司」の総裁に就任してもらった。彼は収益性を担保しながらさらなる成長を進める中で、日産出身者と東風汽車からの出向者、さらには合弁会社で採用した中国人の若手という混成部隊をうまくリードし、強固なチームを築き上げた。当時は「日本と中国による合弁会社の手本となる事業」と中国側からも大いに評価された。

その関氏は日産時代、三菱自工の益子さんから最も信頼された役員の一人だった。彼はその経験と実力を生かし、日本電産のＣＥＯとしてさらなる国際化と成長の基礎を築き、二〇二三年には台湾の鴻海精密工業にＥＶ（電気自動車）事業の最高戦略責任者（ＣＳＯ）として招かれて大活躍している。これまでになかった世界に通用する日本人経営者になりつつある。

もう一人のグプタ氏はインド出身で、インドやフランス、日本のホンダ、さらに日産でも実業経験を持ち、上手に日本語を話す。彼と初めて会ったのは日産がルノーと共同でインド進出を企画した時だった。すでにルノーは現地資本との協業で「ルノーインディア」という拠点を持っていて、そのルノーインディアが日産に協力してくれた。そこにグプタ氏がいたのだ。

一足先に拠点を築いていたルノーに比べ、日産にとってインドは全く未知の世界だった。ルノーインディアも様々な会社からの寄せ集めチームで、なにかを調査するにしてもコミュニケーションさえままならない状況にあり、かなり苦労していた。

インドで生産する自動車の基本方針についてもなかなか定まらなかった。ルノーの開発した車をベースにするか、日産の小型車をベースにするか。ルノーと日産の間で話がまとまらないのだ。とにかくなにをするにも手間と時間がかかっていた。

そんな中で物静かだが、何事も処理が早く、ルノーの一員でありながら日産の主張にも耳を傾ける三十代半ばのマネジャーの姿が目に留まった。

その時は名前さえ知らなかったが、後にアシュワニ・グプタというマネジャーで、日本でも仕事をした経験があると聞いた。

その後、彼はパリのルノーに移籍して大いに成果を上げた後、二〇一九年、まさにゴーン事件が起きた直後に三菱自工のＣＯＯに就任した。

三菱自工の社長だった益子さんは、アライアンスの要職にあったグプタ氏の仕事ぶりや人柄を高く評価していた。彼は益子さんの下、三菱自工のナンバーツーとして活躍する。ゴーン逮捕後の混乱した難しい時期、三菱自工社内の立て直しに大きく貢献し、三菱商事をはじめ三菱グループ全体からも信頼を勝ち取っていた。

後に私が日産を去る際、益子さんに無理を言ってグプタ氏を日産に戻してもらった。私が辞めた後の内田誠社長による新体制の下、彼は日産のCOOとして大いにリーダーシップを発揮して業績回復に多大な貢献をしてくれた。

グプタ氏は多様性の中で強い信頼を醸成し、リーダーシップを体現できるリーダーだ。二〇二三年六月に日産のCOOを辞任して退社したが、二〇二四年一月にインドの新興財閥アダニ・グループの中核事業会社のCEOに就任した。

日産と三菱自工には関氏やグプタ氏に続くホープもいる。私と一緒に仕事をする中で様々な経験を重ねた若手も少なくない。両氏に続く世代が内外で大いに活躍してくれることを願っている。

日産勤めが終わった日

私が二〇一九年九月に日産の社長兼CEOを退任したことはすでに述べた。

同年十二月に内田社長の下、新世代の執行体制がスタートした。私を含む旧執行体制のメンバーの一部は取締役としての任期を残していたが、できるだけ早く新執行部へ取締役もバトンタッチすべきということで二〇二〇年二月十八日に臨時株主総会が開催され、私は退任し、取締役は内田新社長に引き継がれることになった。

株主総会は混乱もなく、議題は提案通りに可決されて終了した。その後、みなとみらいの日産本社ビルで新旧役員による送迎会に参加した。私はすでに執務室の整理を終えていたから、短い挨拶をして、会がお開きになるとすぐに本社ビルを後にした。

それが私の最後の出勤となった。

特に最後の二年間は激動とも混乱ともいえる日々だったから、正直に言えば肩の荷を下ろしてホッとした気持ちが強かった。

課題をすべてやり切ったうえで退任したわけではなかったが、少なくとも「できる限りのことはやった」という気持ちもあった。

二〇〇〇年の改革以降、社員、役員一同のたゆまぬ努力によって、日本人でも外国人であってもチャレンジ精神のある人材にとってやりがいと魅力を感じられる職場になりつつあったのに、ゴーン事件以降大きく混乱し、私が退任するまでに修復できなかった。それが唯一の心残りだ。

あの混乱の結果、日産を去ってしまった人材も多いのではないかと思う。十分に社内をまとめ、リードできなかったのは、私自身のリーダーシップの不足であり、大変申し訳なく思っている。日産の内外を問わず、それぞれの場で活躍されることを祈るばかりである。

妻の弘子は、私が会社に出勤する日は必ず弁当を持たせてくれた。さっと食べられる小さな弁当だった。最後の出勤日もいつものように弁当を持たせてくれたのだが、包みを開けると、

「最後のお弁当です。頑張って！」

と小さなメモが入っていた。

ゴーンの不正、現役会長の逮捕などは、いずれも大変な衝撃であり、会社にとって大きな痛手であったことは誰の目にも明らかで、人と会うたびに「西川さん、大変だったでしょう」と声をかけられた。

確かに事件のショックも大きかったが、前述した通り社内が一本にまとまらない中で様々な難題に取り組まなければならなかったことが、実は一番大変だった。

事の成り行きを見守りながら、日夜支え続けてくれた妻の心労も計り知れない。彼女のサポートがあったからこそ、最後のお弁当の日まで頑張れたのだ。今でもその小さなメモは大切にしている。

その日、帰宅すると子供たちの家族も加わり、夕食のテーブルを囲んだ。久しぶりに、本当に久しぶりに自分らしい時間を過ごせる生活に戻った。

第九章

次世代のビジネスパーソンへ

日産の蹉跌とは何だったか

すでに述べたことと多少重複があるかもしれないが、最後にビジネスとリーダーシップの在り方について、私の経験と考えをまとめてお伝えしておきたい。

日産は一九九〇年代後半にほとんど経営破綻といえる状態に陥り、曲折を経て一九九九年にルノーの支援を仰ぐことになった。

なぜそんな事態に陥ってしまったのか。まずは自動車業界全体の推移を簡単におさらいしておこう。

次ページのグラフ「自動車業界の発展」をご覧いただきたい。「輸出による成長」という時代があった。日本で車を生産し、世界中に輸出するという比較的単純なビジネスモデルだった。日産もそれで大きな発展を遂げた。

やがて「海外生産の増大」という時代に入る。世界の各市場で生産し、販売するというビジネスモデルへの変化を求められた。トヨタやホンダが慎重に海外投資を進めたのに対し、日産は海外投資の規模を一気に拡大し、経営の現地法人化も推進していった。つまり日産は海外生産への投資という外形的な変化では他社に先行したのだが、経営の仕組みや必要な人材の配置など、内なる変化に対する取り組みが大きく遅れてしまった。新しい事業に乗り出

自動車業界の発展

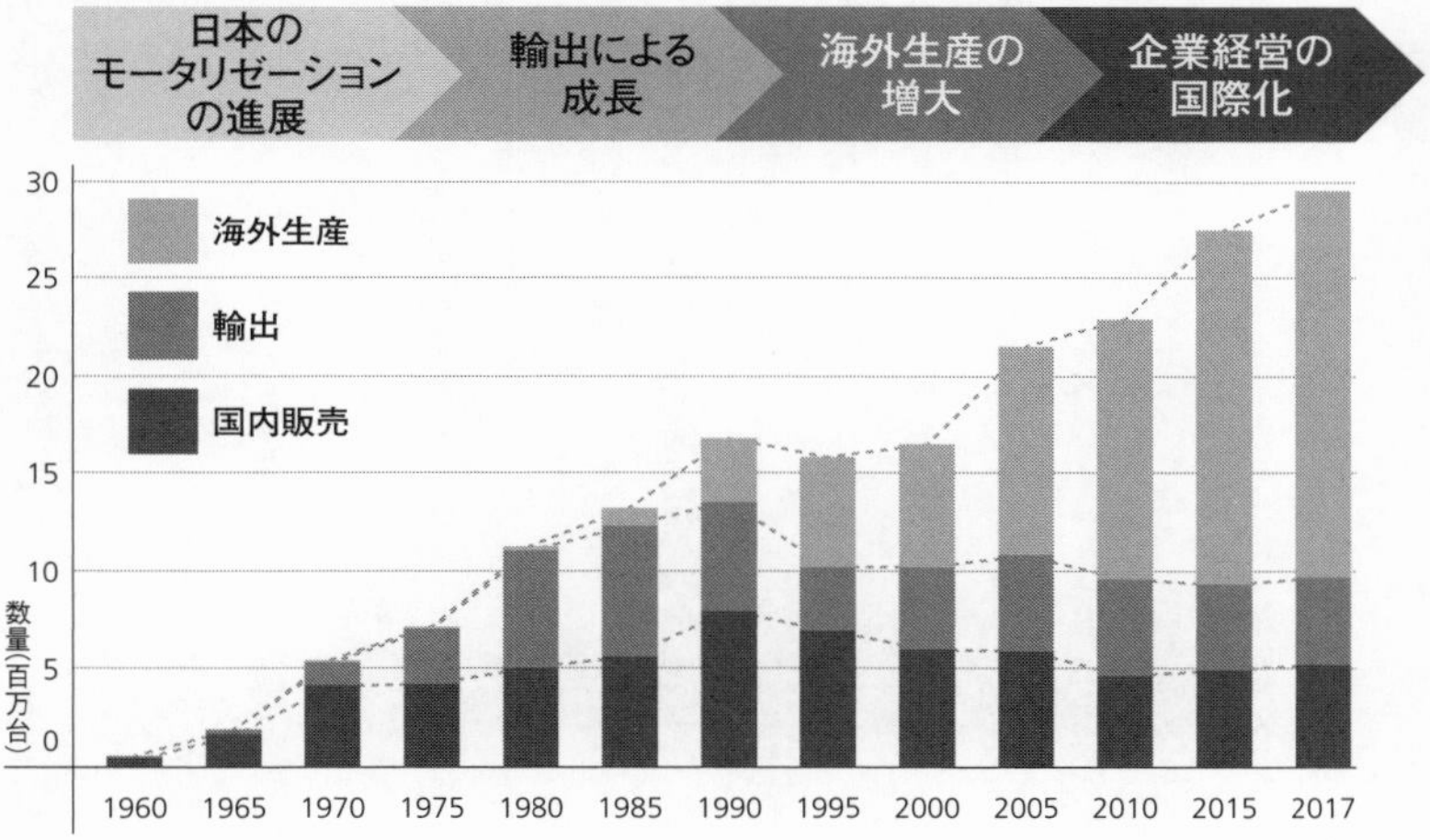

したにもかかわらず、管理部門だけは依然として「輸出による成長期」のまま、形ばかりの国際化に走ってしまったのである。

それで現地生産の拡大に比例して収益が悪化するという泥沼に陥る。かつての円安の時代の輸出事業的な管理では通用しなかった。しかし海外投資の規模はさらに拡大し、形ばかりの経営の現地化が進んだ。その分だけ負担が大きくなり、日産は他社より早く経営状態を悪化させてしまったのだった。

それで一九九九年、ルノーによって六千億円に上る資金注入が行われ、カルロス・ゴーンがCOOとして送り込まれる。

ゴーン改革はここからスタートした。

クロスファンクショナルチーム（CFT）、ルノーとのクロスカンパニーチーム（CCT）、コミットメント、ストレッチターゲットの設定、日本の村山工場の閉鎖、系列破壊……。当時話題になった様々な施策が矢継ぎ早に実施された。

改革の起点になったのがＣＦＴだ。クロスファンクショナルを直訳すれば「機能部門を横断したチーム」。いろんな分野の社員が部門や職種を超えて集まり、日産が直面している問題点を洗い出し、コスト削減や業績の改善策を提案するという仕組みだ。「車が売れないのは営業力がないからだ」「いや、売れないのは技術力がないからだ」などと部署間で対立している暇はなくなっていたのだ。

「事業の発展」「購買」「製造」「研究開発」「販売・マーケティング」「一般管理費」「財務コスト」「車種削減」「組織と意志決定プロセス」と改革テーマを九つに分け、それぞれのテーマに取り組むチームを作った。若手の管理職から選抜された「パイロット」が各チームのリーダーとなり、そのパイロットが自分のチームのメンバー（約十人）を選んだ。

パイロットに選ばれた四十代前半の社員は、課長になって数年の「若手管理職」であり、ゴーン改革の担い手として期待され、実際彼らは張り切って様々な提案を出していた。

ゴーンがＣＦＴの各パイロットに求めたのはあくまでもアイデアであり、成果ではなかった。本当に日産のためになる本質的な改革のアイデアを出してほしい、大胆な案で構わない、実行の段階まで心配する必要はない……。ゴーンはそんなことを言い続けた。そうでなければ各パイロットは保身に走り、容易に実行できそうなアイデア、すぐに成果の上がる改革案を出してお茶を濁したかもしれない。そう仕向けたゴーンのリーダーシップはやはり優れていた。

つまりゴーン改革は、いわゆる占領軍による統治ではなく、日産内の有能な若手の登用が中心だった。それが後の「内なる国際化」をはじめ新たなリーダーシップの醸成に大きく貢献したことは間違いない。

ゴーンが推進したCFTの本質は、各チームの提言により部門横断的な課題を抽出することによって、部門ごとの壁で隔てられていた業務を、収益改善に繋がる全社的な業務プロセスを軸として再構築することにあった。このCFTの活躍によって、部門別組織の強い企業だった日産が大きく変わっていったのである。

CFT活動だけでなくゴーン改革で話題になった言葉はどれもイメージ先行ではやり言葉になってしまったので、正確に意味するところは意外に分かりにくかったかもしれない。例えば、ゴーンの経営の代名詞にもなった「コミットメント」とは、最終的に会社の収益目標につながる形で設定された特定の部門、役員グループ、そのメンバー一人ひとりの達成すべき目標を意味する。

ゴーン改革の第一段階を改めて概観してみると、それまでは「日本市場」と「海外市場」という区分で業務を組み立ててきたが、改めて「日本市場」「北米市場」「欧州市場」の三つに再区分したのが一つの狙いだった（これは後に地域ごとの「マネジメントコミッティ」として定着した）。

もう一つの狙いは「開発」「生産」「購買」など主にモノづくり分野のグローバル機能を、日本、北米、欧州の各市場を貫く横軸として通し、かつ機能間をまたぐテーマ、目標に向かって仕事ができる業務プロセスを整理、構築することだった。

第一段階としては、まずグローバル機能の軸の強化に注力した。それまでは欧州や北米の生産事業に対する本社のかかわり方がそれぞれの機能部門（生産、開発、購買、物流など）ごとにまちまちで統一性に欠けていたが、グローバル軸の責任体制や目標値などが明確に設定され、それに従って業務のプロセスが再整理されたのである。この整理を可能にしたのが、改革初期のＣＦＴ活動であり、そこから提起され、部門、機能の壁を取り払い、部門横断的な課題解決のための全社的なプロセスが構築されたのであった。

「系列破壊」は部品調達先の五〇％削減という数字とともに話題になったが、その本質は発注先選定のプロセスを系列前提ではなく、世界各地で通用する業務プロセスに改編することだった。

当時のメディアの取り上げ方によるところも大きいのだが「購買改革イコール系列破壊」と理解されがちだ。

従来の系列企業も系列外の他社との競争にさらされるという意味ではその通りだが、その実は開発と購買がそろって地域をまたぐ機能として各生産拠点における調達を管理統括し、その結果責任も負うことにするというソーシング（発注先選定）のプロセスの改革、確立だったのだ。

当時はルノーと日産のアライアンスの第一段階の目立った取り組みとして「ルノーと日産による部品の共同購買」が話題になっていた。そのため日産内部の機能の整理とプロセスの改革があまり目立たなかった感もあるが、実はこの内部改革こそが重要で、その後の急速な業績回復に大きく貢献していたのである。

この時期はルノーとのシナジー効果の初期の目玉として、両社をまたぐ共同開発（共通エンジンの開発など）、共同購買の拡充といった取り組みも並行して進んだ。

結果的には、いわゆる「日産リバイバルプラン」による業績のV字回復の主役は、このモノづくりのグローバル化、開発・生産・購買などの機能間における共通目標、共通プロセスの整備など、世界をまたぐグローバル機能だったといえる。

その段階で、北米や欧州など各地域の事業運営を担当する「地域別マネジメントコミッティ」の整備も徐々に始まっていた。

それまでは各地域の事業運営は海外事業担当部門の管理下にあり、輸出中心の時代の名残もあって販売面の管理に比重が置かれ、開発や生産、購買事業は各地域の事業体任せで、地域事業全体のＰＤＣＡ（計画、実行、評価、改善）は回りにくい状況にあったが、このマネジメントコミッティ体制の下、各国の事業体がそれぞれの地域を統括するマネジメントコミッティの管理下に入り、経営会議メンバーが手分けしてこれらのマネジメントコミッティの議長を務める体制が整備されていったのである。

結果として欧米の各拠点でも大きな変化が起きていた。英語ができて現地の事情に詳しいというだけで日本人駐在員として重宝される時代は終わり、明確なコミットメントを求められ、それが定義できない調整役的な仕事は急速に姿を消した。各地域の現地出身の幹部にも同様の変動が起きており、単なる事情通は影響力を失い、新たな責任の下、チャレンジをする姿勢を持つ若手が台頭した。突然、目に見える成果を求められ、変化についていけずに去った人も多かった。逆にやる気のある若手には、これまで想像もできなかったチャンスが回ってきたのだった。

ゴーン改革の意義

こんなふうに書いてしまうと、ごく当たり前のことが淡々と進められたような印象を持たれるかもしれない。

しかし実際には、長く続いた輸出拡大の時代に積み重ねられた業務の仕組み、慣習、日本本社対現地の間の一種の上下関係のようなものを一掃し、日本、海外を問わず、グローバルな業務とローカルな業務の区分に塗り替えてしまうことでもあり、社内では特に日本人幹部に戸惑いや不満を持つ向きが多く、定着には時間がかかったし、この変化を定着させるために世代交代が必要なケースもあった。

機能軸のグローバル化に対して、一拍遅れて始まった地域マネジメントコミッティの仕組みが社内で定着し始めたのは二〇〇四〜〇五年、日産のV字回復が注目を浴びた後のことだ。

つまり、この二〇〇五年ごろから、グローバル機能という横軸と日米欧とその他地域のマネジメントコミッティによる縦軸を合わせたマトリクス組織によるグローバル経営の形がようやく定着し始めたといえるだろう。

V字回復のように分かりやすく華々しい成果ではないからか、初期のゴーン改革ほど話題にならなかったが、この進化こそが重要だった。本来一九九〇年代に終えておくべきだった進化が十年遅れで、しかも重大な経営危機を経てようやく実現したのである。

つまり一九九〇年代までは形だけの国際化だったが、ゴーン体制の下、国際企業、あるいは多国籍型企業として機能する組織や業務運営体制への変革を進めた。これがゴーン改革の本質であり、大幅な収益改善の根本的な理由だったのである。

もちろん、輸出型で成長してきた企業が国際的な事業運営のできる構造に進化していくうえで、この「ゴーン改革型」がたった一つの解であるというわけではない。

トヨタやドイツの自動車産業のように、日本やドイツに世界本部を置き、そこに重要な開発資源や意思決定機関を集中させ、世界各地の事業を統制するパターンもある。むしろこの形の方が、独特な同質文化の下で拡大できるため運営の効率がいいともいえる。実際、モノづくり産業は日本あるいはドイツの本拠地を頂点とした組織構造で発展してきたケースが多い。

それに対して、ゴーン体制下で日産が目指したグローバルなマトリクス組織は内部に多様性を取り入れることができる。つまり国籍を問わず優秀な人材が活躍できる場、仕組み、状態を作り、これがうまく機能すればその多様性を武器として、各地のトップクラスの人材を経営トップに取り込めるという強みがある。日産のような伝統的な日本型企業でも、その「内なる国際化」のパターンを目指すことができる、ということを示したともいえる。

ゴーン改革は組織や人材活用の面から見ても、日本発の企業が発展していくための一つの方向性を示したのである。

求められるリーダーシップ

新たな組織に進化しても、それが狙い通り機能しなければ意味がない。カギを握る大きな要素はヒトであり、その人のモチベーションであり、最も肝心なのはリーダーシップの在り方だ。

グローバルなマトリクス組織への変化を各個人、社員の一人ひとりが受け止めるのは容易ではない。これまでの花形部門が実質的になくなってしまったり、海外の子会社にすぎないとみなしていた会社の社員が本社にいる自分たちと同格になったり……。その地殻変動の大きさは計り知れないものがある。

新たなマトリクス構造のマネジメントは、形の上では整っているし、理屈も通るのだが、実際にこの形でグローバルな事業運営を進めるとなると、日産の場合その中軸になれる人材と経験が圧倒的に不足していた。しかも特に日本人に適当な人材がいなかった。

国際化、国際化と世間では騒ぎ立てているが、その前提条件として多様な人材（しかも一騎当千のつわものたち）をまとめられるリーダーシップが不可欠で、特に日本人中心の組織とは異なるリーダーシップが必要になってくるのである。

日本人は海外に出ると、同質の仲間、つまり日本人同士で固まりやすい傾向にある。世界に通用する日本の企業はたくさんあるのに、欧米企業のトップを務められる経営者が驚くほど少ないのは、このためだと言ってもいいくらいだ。

将来、バラバラのバックボーン（国籍、宗教、人種など）を持つメンバーを率いることのできるリーダーを育てなくてはならない。組織としては、そうしたリーダーを育てるためのリーダーシップが求められる。そのためにはリーダーシップを身につけられるキャリアパスと、経営陣予備軍をコンスタントに輩出する仕組みづくりが必要になってくる。

残念ながら日産ではゴーンがいわば途中退場してしまったことで、このヒトにかかわる部分の宿題は解決されぬままになった。とはいえリーダーシップに関しては、ゴーン本人だけでなく、彼と共に改革を断行したペラタ氏らゴーン改革初期の気鋭のリーダーたちが大きな示唆を残してくれた。私が彼らから学び、自分の経験を交えて到達したリーダーシップに関する考え方をここで紹介しておきたい。

まずリーダーの要件となる七つの能力を挙げよう。

(一) エンパシー
(二) ダイバーシティ
(三) 簡素化
(四) 伝える力
(五) 目標設定能力
(六) 変化に対する感度
(七) 目指す姿を持つ

最初の二つには英語が並んでしまったが、まず(三)から(七)までの日本語の五項目を少し説明しておこう。

（三）の簡素化とは、複雑な状況を理解したうえで、物事を分かりやすく簡素化する能力を指す。
（四）の伝える力とは、プレイング・マネジャーとしての範囲を超え、より広範囲のメンバーに意思を伝える能力だ。
（五）の目標設定能力とは、高レベルの目標を設定する能力。一見すると届きそうもないレベルまで思い切って組織を引っ張っていく姿勢と言い換えることもできる。
（六）の変化に対する感度とは、大きな状況の変化をつかむ力。変化への対応力、リードする方向の確かさ、仕掛けのタイミングを読む力なども含まれる。
（七）の目指す姿を持つとは、目指したい姿をイメージし、そこに向かっていく強い意志を持つこと。それがモチベーションにもなる。

日本の多くの大企業は、組織内をうまくまとめる力を持ったリーダー、調和型の経営スタイルが多く、その中では、この（三）から（七）の能力は必ずしも強く求められる点ではなかったかもしれない。

対照的に、昨今ベンチャーから大きく成長した比較的若い企業群のリーダーには（三）から（七）までの要件をすべて兼ね備えている人がたくさんいる。それは素晴らしいことで、近年の実業界の大きな変化、進化と言っていいだろう。

一方、そうした若い企業群のリーダーであっても（一）と（二）に関しては、必ずしも得意としていない傾向があるように見える。同質で固まりやすい日本人全般が苦手とする能力ともいえるだろう。

今後、企業経営がさらに国際化していく時代のリーダーにとって不可欠な要件が（一）と（二）なのである。日本人の次世代リーダーが国の枠を超えて活躍するためには絶対に磨く必要のある力であり、この力は大いに役立つに違いない。

最初の（一）のエンパシーは英単語の「empathy」だ。「共感」と訳されるが、ここで英単語の微妙なニュアンスを論じるつもりはない。重要なのはリーダーに求められる第一の要件としての「エンパシー」の真意だ。

私が「エンパシー」という言葉で強調したいのは「自分とは異なるバックグラウンドを持つ人がいることを理解する」という能力である。そのために必要なのは、違うバックグラウンドを持つ相手を簡単に理解しようと思わないこと、あるいは理解したと思い込まないこと。そのうえで、まず違いがあることを理解し、相手を尊重する姿勢を持つことこそ重要なのだ。その姿勢を常に保ちながらグループをリードしていかなければならない。

先にも少し言及したが、私が欧州事業を統括していた時代の経験を例にご説明しよう。まず約二十人の幹部（内訳はルノー出身者が三割、もともと欧州日産にいた幹部クラスが三割、残りは新たに外部から採用した人材、北米日産など他地域からの人材、日本の本社からの出向者など）がいる。

その中で「トップ幹部」といえる存在は四人。一人はルノーから来たフランス人、もう一人は英国日産の工場生え抜きの英国人、もう一人も英国日産出身の英国人で、四人目が日産の開発畑出身の日本人という構成だった。

生まれも育ちも違う人間が集まって仕事をするわけで、お互いを理解し合うのは簡単ではない。短い時間では不可能に近い。

そんなチームを率いるうえでリーダーに求められるのは、全員が理解しやすい共通の目標を設定し、それを達成する責任を共有することだ。

そして、まずチーム内に様々なバックグラウンドの持ち主がいること、それぞれに文化の違いがあることを認識しようと努力する姿勢を見せなければならない。

しかもバックグラウンドの違いは一朝一夕に理解、解釈できるものではないと認識したうえで、できる限り理解しようと努力する。その姿勢を見せることが重要だ、と私は痛感した。

これこそがビジネスの場において「エンパシー」という英単語で表現される能力であり、姿勢なのだ。国籍などの違う混成チームを目標に向かってリードしていくうえで、この「エンパシー」を伴ったリーダーシップは極めて重要になると強調しておきたい。

「欧米型の経営はトップダウン方式だから、リーダーにエンパシーなど必要ないのでは」

といった声も聞くが、それは全くの誤解だ。

欧米であろうと、日本であろうと、頭ごなしのトップダウンは長続きしない。むしろ、部下の率直な声を聞く姿勢を持たなくてはならない。

その声は、目標を達成できないことに対する言い訳もあれば、ポジティブな提案の場合もあるだろう。あるいは職務に対する不満かもしれない。いずれにせよ、リーダーは部下の声に対して、的確な返事をしなくてはならない。問題の解決につながるような鋭い質問を返せるのがベストだろう。リーダーはその質問の鋭さで勝負すべきなのだ。

(二)のダイバーシティはビジネス界の流行語ともいえる言葉で「多様性を尊重しなければ……」といったフレーズを耳にしない日はないくらいだ。「多様性」の重要さは、観念的には誰もが理解できるはずだが、リーダーの要件として「ダイバーシティ」が大切だと言われても戸惑う向きが少なくないだろう。

ダイバーシティ、つまり多様性を強みとするにはどうすればいいのか。実際の行動パターンに落とし込んで表現すれば「同質の者同士で群れるな」に尽きるだろう。

日本人はとかく群れやすい。日本にいても同じ大学や高校の同窓で群れるし、同じ工場の出身、同じ部署の出身で群れたがる。ましてや海外勤務になり、国籍の違う混成部隊で働くことになったら、会議の場では我慢していても、勤務時間が終われば途端に日本人だけで集まり、日本食レストランで飲み会を始めてしまう。

そうしたくなる気持ちはよく分かるが、特にリーダーが群れてしまってはいけない。ランチやディナーなどに日本人だけでは行かない、あいつは人間嫌いだとか日本人が嫌いなのだと陰口をたたかれても動じない……。こうした姿勢を貫いて初めて、様々なバックグラウンドを持つメンバーから「フェアなボスだ」と認められる。そうなれば、多少きついことを言っても信頼してついてきてくれるのである。

これから海外にネットワークを広げていこうと考えている起業家の方々はエンパシーとダイバーシティの二点を意識してほしいと思う。

この二点が重要であることは、私だけでなく、多くの方が認識しているはずだ。ある企業では「社員食堂の会話は英語にすること」といった社内ルールができたと聞いたが、ルールを作った人もこの二点が重要だと気づき、それを社内にどう落とし込むかを考えたに違いない。

もしこの例で説明するとすれば、仮に社員食堂で食事をするのが日本人だけならば、わざわざ片言の英語で話してもあまり意味はない。しかし食堂のテーブルを囲んだメンバーの中に日本人以外の人が一人でも二人でもいたら、どんなに片言でもいいから英語主体で話す。そういう姿勢を持つ。それが大切なのだ。

日本発ベンチャーはどこまで可能か

これからビジネス界で成功し、成長していきたいと考えている方には、自分の国だけでなく、国外を見ていただきたい。今の会社や組織の枠を超えたキャリアを考え、ネットワークを広げていくことが肝要で、それが成長と進化につながると私は思っている。

今後の事業環境は、米国一極時代が終焉を迎え、多極時代になっていく。そうした時代の流れは多かれ少なかれ、誰もが感じているだろう。

ＢｔｏＢ（ビジネス・トゥ・ビジネス。製造業者と卸売業者、卸売業者と小売業者など、企業間の取引を指す）の世界では、まだ変わりきれていない伝統的な大企業と取り引きするＩＴサービス業界が起業家の主戦場になっている。顧客側の大手のビジネスの仕組みや習慣は旧態依然としていて、極めて内向きだから、ＩＴの若い起業家たちが世界に打って出て勝負しにくい形になりつつある。そこが懸念材料だ。

ＢｔｏＣ（ビジネス・トゥ・コンシューマー。消費者を直接相手にする事業）の世界でも事情は違うが結果は同じで、日本市場は規模や習慣の面からも世界的なデファクトスタンダード（事実上の標準）にはなりにくく、アニメや外食産業など以外の業種は、海外に出ていくうえでハードルが高いと思われる。

ハードルは低くないが、起業家の方々には、やはり日本だけでなく、外を見てほしい。少なくとも売上高の二、三割は外貨建てになるような体制を目指してほしいと私は考えている。

現在、ＡＳＥＡＮ（東南アジア諸国連合）の若手事業家が躍進している。いわゆる華僑の二世、三世たちがその中心だ。彼らはマレーシアやシンガポールといった自分の生まれ育った国だけでは市場規模の面から大きなビジネスにはなり得ないため、起業する時点で国外を見据えているという強みがある。今や世界市場では欧米をしのぐほどの勢いで、ＡＳＥＡＮ発のベンチャーが存在感を増しているのだ。日本の起業家には、是非とも頑張っていただきたい。

従来培ってきた日本の特徴である団体戦の強みに加えて、個人戦でも世界のビジネス界で大いに存在感を増すことを期待したい。

おわりに

ゴーン体制の約二十年の間に、日産も私も光と影を経験した。

ゴーン改革によって破綻寸前の経営危機からV字回復を遂げた輝かしい日々は、ゴーン自身の不正によって暗転した。

ゴーンは卓越した経営者であり、リーダーとしても優れていた。それが彼の光だとすれば、自らの利益のために不正を犯し、その罪を認めず、国外に逃亡するという一般の理解を超えた犯罪者の顔が影……、いや闇といえるだろう。

ゴーンが罪を犯した個人的な動機は結局のところなんだったのか。「これだ」と断定できるだけの情報はいまだにないのだが、彼がお山の大将、あるいは裸の王様のような存在になっていったことが背景にあるのは間違いない。

いつの時代、どんな世界であっても、成功者がヒーローとしてたたえられ、世を代表するスターになり、一種の偶像として崇拝の対象になっていくパターンはほとんど変わらない。

ヒーローは内部では帝王と化し、外部ではメディアにカリスマとして持ち上げられる。この過程こそが、ヒーローの孤立の始まりとなる。現場から遊離し、裸の王様になっていく。輝かしい栄光に暗い影が忍び寄るのである。

ゴーン体制の下、日産では内なる国際化が進み、結果として外国人幹部、あるいは外部からの日本人幹部の積極登用が急激に進んだ。日本の企業としては、かつて例を見ないほどの規模とスピードで幹部の人材構成が変わっていった。内部からの改革としては壮大な実験だったといえる。

結果的に、世界に通用する次世代の人材は確実に育った。これが明るい光だとすれば、影の方も深刻だった。

国際化のスピードの速さについていけない社員、役員もかなりの数に上ったのである。単純に自分が想定していたキャリアがいったんご破算にされたケースも多かったと思う。英語ができるというだけで外国人が次々と割り込んでくる、と感じられたケースもあっただろう。

これらの整理整頓ができなかった背景として、新卒からの一括大量採用とその人材が主流を形成するという日本型の流れが期待値も含めそのまま手つかずで残ったこと、一方でハイリスク・ハイリターンの欧米型の人材確保や登用が大幅に進んで人事制度の中核となり、旧来の日本型のシステムがその下に入るような形で進められてしまったことが挙げられる。

これがまだら模様を残し、社内に不満がくすぶる状態を作り出してしまった。私もこの部分の悪さは感じていたが、抜本的な手を打つのが遅れてしまった。

結果的にゴーン体制下の問題として潜在的に残り、そんな中でゴーンの不正が発覚した。ゴーン事件のショックと社内にくすぶっていた不満が混ざり合い、なおさら混乱が深まっていった。

つまり人材面の仕事の粗さが問題を広げてしまったのである。それこそまさにゴーン改革の影の部分だった。

日産はルノー、三菱自動車とともに「アライアンス」という形の協業体制を築き上げ、各社の自律性を保ちながら、スケールメリットを享受していた。かつて例を見ない革新的な形であり、同じ業界の企業が成長していくための一つの有力な在り方を示した。ゴーン体制の二十年の成功体験は、世界の実業界にとって大きな財産になるはずだった。

ところがゴーンの不正が発覚し、結果として日産やルノーの内部が混乱してしまった。

私自身、ゴーンというカリスマ的なリーダーが去った後、社内に残る保守的な部分を克服し、内なる国際化やアライアンスという形の協業を深化させることの難しさを痛感したのだった。

私が経験した光と影は、もちろん日産という一企業の問題だったわけだが、一方で「グローバル化」という命題の下、伝統的な日本型の組織が「内なる国際化」を進める際に遭遇する共通の課題を浮き彫りにしているようにも感じる。なかなか理屈では説明できない障害がたくさんあるのだ。

長い時間軸で俯瞰して見てみれば、私が実業界にいた時代も正しく光の部分と影の部分があったように感じる。

朝鮮戦争特需の追い風で、徐々に工業立国への道筋が見え始めた戦後復興期に生を受けた私は、高度成長期の真っただ中で少年期を過ごし、二十代に差し掛かる頃に公害やオイルショックなどの問題に直面した。後の時代に対する不安材料が見え隠れし始めた時期だった、高度成長期に敷かれた基本線は変わることなく、製造業への集中投資、生産性の向上、コスト競争力強化によって世界市場を勝ち抜く……という路線が継続された。

ここまでは高度成長の「光」の時代だった。

私が自動車業界に入った一九七七年から一九八〇年代まではその高度成長路線の行き詰まりに直面し、輝かしい「光」にやや陰りが出てきた時代といえるだろう。

その一九八〇年代から近年に至るまでは「グローバル化」の時代と呼ばれ、前述したように産業界でも輸出型から多国籍型の経営への転換が求められるようになった。

私は高度成長の「光」の残像がある中でキャリアをスタートさせ、バブル狂騒の混乱を経て、内部の変革が時代に追いつかない日産の中で苦しみを味わうことになった。

高度成長の「光」が陰り、曇り、視界不透明の時代に入っていたように思う。

その後、日産は経営危機を経て、ゴーン体制下で収益の大幅改善と大規模な経営改革を成し遂げる。私自身も曇りの状態から一歩抜け出した実感があり、再び訪れる光の時代の先駆けになればという期待感と使命感があった。

残念ながら、この光に向かう波はゴーン事件というショックで暗転してしまった。とはいえ企業活動の国際化、進化という意味では、明るい兆しがあったと見ていただければ大変ありがたい。

ゴーン事件が発覚して五年半。コロナ禍による社会の変化、ロシアのウクライナ侵攻をはじめ地政学的な変動を経験すると、米国流の社会の在り方を前提としたグローバル化が叫ばれた時代に比べ、世の中はさらに複雑、難解になったように感じる。日本のビジネスマンは従来にも増して多様な環境の中で事業を展開し、生き抜かなければならない時代になったといえるだろう。

事業を取り巻く環境が複雑化する中で、組織を率いるリーダーの資質はますます重要になっている。外形的には進化したように見える組織でも、人材やリーダーシップの在り方など内部の変化と進化が進んでいない企業は、自動車業界に限らず、他の業界でも少なくないだろう。

「はじめに」で述べた通り、二〇二〇年二月に日産自動車の取締役を退任した後は、それまでの自動車業界を離れ、主にＩＴ系ベンチャーの経営者たちのサポートを続けている。業界も世代も違う方々との付き合いはとても刺激的だ。おかげで様々な学びのある日々を楽しく過ごしている。

多くの経営者のサポートをしているが、相談を受ける内容はほぼ共通している。人材やリーダーシップに関する悩みだ。

ナンバーツーをどう育てるか、あるいはナンバーツーの予備軍をどう準備するか。あるいは先代から引き継いだレガシー（伝統）や経営陣をどう扱うか。M&A（合併・買収）後の「PMI（ポスト・マージャー・インテグレーション、買収後の統合作業）」の進め方……。すべて人材やリーダーシップに関するテーマである。その裏には、社員のモチベーションの低下や過去へのこだわり、潜在的な抵抗といった負の側面とどう向き合うべきかという課題もある。

つまり人材やリーダーシップに関する問題は、時代や業種を超え、持続的な成長と発展のために欠かせない重要なテーマなのだ。

私の世代が経験してきた時代、つまり米国が政治、経済、軍事などあらゆる面で圧倒的なパワーを誇ってきた米国一極集中の時代は終わり、今後は多様性の時代になる。

それぞれ十四億の人口を持つアジアの二大大国の中国とインド、合計六億人を擁するASEAN（東南アジア諸国連合）が強い存在感を発揮していく時代へと移行する中で、世界は大きな変化の波を経験することになる。

この多様性の中で、強いリーダーシップを発揮できる能力がますます求められる時代になってきているといえる。

日本の産業の発展をリードしてきた自動車産業も歴史的な転換点に差しかかっている。「CASE（コネクテッド、自動運転、シェアリング、電動化）」といわれるモノづくりの世界の新しい波にとどまらず、新たに「MaaS（モビリティー・アズ・ア・サービス、目的地までの移動を最適化してサービスとして提供する）」という言葉で表わされるモビリティー（移動）に関する市場構造そのものの変革が進む。

これまでは車というハードウエアを開発し、製造する大手メーカーが主役だったが、今後はユーザーに様々なモビリティーを提供する事業運営者が主役の座に躍り出てくる時代に入りつつあるのだ。

日本企業がより魅力的な存在になり、企業という団体戦だけでなく、個人として世界に通用するリーダーシップを持つためには、私の世代よりはるかに複雑な変化、難易度の高いチャレンジが必要になっていくだろう。

時代とともにビジネスは変わる。だからこそ企業の在り方、企業を引っ張るリーダーシップはさらなる変化と進化を求められる。

変化に対応できるかが持続的成長のカギである、と念を押しておきたい。

本書ではゴーン体制下の日産の光と影を述べるにとどめず、私が経験した時代そのものの光と影にまで言及するように努めた。一つひとつが企業の進化や国際化の過程で起きた経験であり、出来事である。今後の企業の在り方を考える読者諸氏にとって、今後進むべき道を探るヒントとなれば幸いだ。

二〇二四年五月
西川廣人

西川廣人（さいかわ・ひろと）

一九五三年生まれ。一九七七年東京大学経済学部卒業後、日産自動車株式会社入社。米国留学、米国・欧州駐在、ルノー日産共同購買会社等を経て、二〇〇五年日産自動車取締役副社長就任。以降、欧州事業統括、北米事業統括、モノづくり機能統括を歴任。二〇一七年四月同代表取締役社長兼CEOに就任。二〇一九年九月同代表執行役、社長兼CEO退任。二〇二〇年二月同取締役退任。他にRenault SA.取締役、東風汽車有限公司董事、日本自動車工業会会長を歴任。現在は株式会社アイディーエスなどベンチャー企業数社の顧問として活動。本書がはじめての著書である。

わたしと日産《にっさん》
巨大《きょだい》自動車《じどうしゃ》産業《さんぎょう》の光《ひかり》と影《かげ》

二〇二四年五月一五日　第一刷発行

著者　西川《さいかわ》廣人《ひろと》

発行者　森田浩章
発行所　株式会社講談社
東京都文京区音羽二-一二-二一　郵便番号一一二-八〇〇一
電話〇三-五三九五-三五四四（編集）
〇三-五三九五-四四一五（販売）
〇三-五三九五-三六一五（業務）
印刷所　株式会社新藤慶昌堂
製本所　株式会社若林製本工場

ISBN978-4-06-536059-0　N.D.C.289.1 255p 20cm